Tierstudien 27
Erdlinge

Tierstudien 27

Erdlinge

Herausgegeben von
Jessica Ullrich

Neofelis

Tierstudien
27/2025: Erdlinge
Hrsg. v. Jessica Ullrich

Unweltschonend gedruckt auf FSC-zertifiziertem Papier.

Bibliografische Information der Deutschen Nationalbibliothek
Die Deutsche Nationalbibliothek verzeichnet diese Publikation in der Deutschen Nationalbibliografie; detaillierte bibliografische Daten sind im Internet über http://dnb.d-nb.de abrufbar.

Umschlaggestaltung: Marija Skara
Lektorat & Satz: Neofelis Verlag (mn / co)
Druck: UmweltDruckhaus Hannover, Langenhagen
ISSN: 2193-8504
ISBN (Print): 978-3-95808-456-8
ISBN (PDF): 978-3-95808-507-7

Erscheinungsweise: zweimal jährlich
Jahresabonnement 25 €, Förderabonnement 36 €, Einzelheft 16 €
Erhältlich in Ihrer Buchhandlung oder direkt beim Neofelis Verlag unter:
vertrieb@neofelis-verlag.de

Ein Abonnement verlängert sich automatisch um ein Jahr, wenn die Kündigung nicht mindestens drei Monate vor Ende des Kalenderjahrs erfolgt ist.

www.neofelis-verlag.de
Neofelis Verlag GmbH, Kuglerstr. 59, D-10439 Berlin, info@neofelis-verlag.de

Inhalt

(Unterbrochene) Irdische Ökologien

Künstlerische Positionen

Editorial

Bruno Latour nennt die dünne, zerbrechliche Schicht auf der alle Lebensformen koexistieren „Critical Zone“ und fordert zu einem post-anthropozentrischen ‚Terrestrisch-Werden‘ auf.[1] Tatsächlich ist Erde (*terra*) Grundlage allen Lebens, sie stellt Nahrungsmittel für alle Tiere bereit und bietet Lebensräume. Böden beherbergen bis zu einem Viertel der irdischen Biodiversität, speichern zwei Drittel des Süßwassers und stellen einen der größten Kohlenstoffspeicher des Planeten dar. Doch bis zu 40 % aller Böden sind geschädigt: Erde wird weggespült, versiegelt, vergiftet, versalzen, verschmutzt, verseucht, ausgedörrt, ausgelaugt und überdüngt. Fracking, Extraktivismus und die industrielle Landwirtschaft stellen Bedrohungen für die Integrität der Erde dar.[2] Anthropogene Erdrutsche bedrohen ebenso wie Erdbeben Menschen und andere Tiere. Neben dem Verlust der Biodiversität und dem Klimawandel wird die Vernichtung von Böden als dritte große Krise des Anthropozäns erkannt. Längst wurde vorgeschlagen alternativ von der gegenwärtigen Epoche als vom Plantationozän zu sprechen, wodurch die Bedeutung von Land als Ort des Anbaus, aber auch als Schauplatz oder Opfer von Gewalt und kapitalistischer und kolonialer Ausbeutung impliziert wird.[3]

Oft werden bei den Diskussionen um Böden, Erde und Land die Tiere ausgelassen oder nur am Rande erwähnt. Deshalb stellt diese Ausgabe von *Tierstudien* die tierlichen Erdlinge in den Fokus. Sie beschäftigt sich mit Tieren, die in oder unter der Erde leben, die Erde herstellen oder die von der prekären Situation der Böden besonders betroffen sind. Denn Erde ist im emphatischen Sinn lebendig und ermöglicht Leben. Erde wimmelt nur so vor Würmern, Käfern, Milben, Spinnen, Schnecken, Asseln, Engerlingen und Milliarden Mikroorganismen. Sie kompostieren, sanieren und restaurieren Böden und stellen Erde her. Doch

1 Bruno Latour / Peter Weibel: *Critical Zones. The Science and Politics of Landing on Earth.* Ausstellungskatalog ZKM Karlsruhe. Cambridge: MIT Press 2020; Bruno Latour: *Das terrestrische Manifest*, aus d. Franz. v. Bernd Schwibs. Frankfurt am Main: Suhrkamp 2018.

2 Vgl. u.a. Elena Agudio / Marleen Boschen: Soil Is an Inscribed Body. On Sovereignty and Agropoetics. In: Dies. (Hrsg.): *Agropoetics Reader*. Berlin: Savvy Contemporary 2020, S. 10–22.

3 Vgl. u. a. Donna Haraway: Anthropocene, Capitalocene, Plantationocene, Chthulucene. Making Kin. In: *Environmental Humanities* 6,1 (2015), S. 159–165.

die Tiere, die für die Existenz und Gesundheit von Böden zuständig sind, gehören nicht zur charismatischen Megafauna: Sie sind manchmal mikroskopisch klein oder bleiben menschlichen Augen in ihrer unterirdischen Existenz gänzlich verborgen. Auch erscheinen sie Menschen aufgrund ihrer differenten Sinne, Körper und Physiologien oft besonders fremdartig.

Dabei teilen manche Menschen und viele andere Tiere durchaus erdbezogene Praktiken: Beispielsweise bauen beide Behausungen in der Erde, betreiben Geophagie (das Essen von Erde) oder nutzen Erde zur Hautpflege (man denke etwa an Schlammbäder von Elefanten oder Schweinen). Maulwürfe, Mäuse, Kröten und auch größere Säugetiere überwintern in Erdhöhlen, graben Gänge, legen unterirdische Wohnräume an, gestalten mit Aushub Landschaften. So hat Charles Darwin, fasziniert von der weltbildenden Agency von Würmern, ihnen sogar sein letztes Buch gewidmet.[4]

Auch in menschlichen kulturellen Praktiken finden Erde und Tiere zusammen: Erde war vermutlich das erste künstlerische Material, und Tierfiguren aus Lehm, Ton, Terrakotta und Keramik gehörten zu den ersten Werken der Bildhauerei.[5] Manche Tiere werden in der Erde bestattet; es existieren Rituale, bei denen Erde mit Tierblut fruchtbar gemacht wird, und Tiere spielen z. B. als Ahn*innen eine wichtige Rolle in indigenen Vorstellungen vom Land. In den Naturwissenschaften geben Sedimente und archäologische Ausgrabungen, aber auch Fossilien oder tierliche Moorleichen Aufschluss über die gemeinsame Vergangenheit.

Schon immer ist also das Schicksal aller Erdlinge, egal ob menschlich oder mehr-als-menschlich, über erdgebundene Phänomene, Praktiken und Diskurse eng miteinander verzahnt. So betont Donna Haraway die sympoietische Qualität und materielle Bedeutung von Erde für die Zukunft des Menschen und besteht darauf: „We are compost."[6] Und der Ökofeminismus hat die strukturelle Analogie der Ausbeutung von

4 Charles Darwin: *The Formation of Vegetable Mould, through the Action of Worms, with Observations on Their Habits.* London: John Murray 1881.

5 Zum aktuellen breit gefächerten künstlerischen Umgang mit Erde vgl. Alexandra Toland / Jay Stratton Noller / Gerd Wessoleck: *Field to Palette. Dialogues of Soil and Art in the Anthropocene.* Boca Raton: Taylor & Francis 2018.

6 Donna J. Haraway: *Staying with the Trouble. Making Kin in the Chthulucene.* Durham / London: Duke UP 2016.

Erde mit der Ausbeutung von Tieren herausgearbeitet. Genauso bedingen sich die Gesundheit von Böden und von vielen Tierarten gegenseitig, Homo sapiens eingeschlossen.

Die ersten beiden Beiträge dieser Ausgabe können als Formen des terrestrischen Theoretisierens charakterisiert werden, die auf neue Politiken des irdischen Zusammenseins abzielen. Markus Schroer kritisiert die zunehmende Entfernung des Menschen von der Erde bzw. vom Boden, die mit einer Verachtung des Unterirdischen und seiner Bewohner*innen einhergeht. Er plädiert dafür, die unter der Erde stattfindenden vitalen und elementaren Aktivitäten der Erdlinge nicht länger zu vernachlässigen. Filippo Bertoni skizziert eine politische Theorie des Miteinanders, die sich am Zusammenleben mit Regenwürmern orientiert. Er beschreibt die philosophische, biologische und anthropologische Relevanz von metabolischen Prozessen wie dem Kompostieren und spricht sich dafür aus, von den asymmetrischen Formen ökologischer Verflechtungen der Würmer zu lernen.

Die folgenden beiden Beiträge diskutieren die Sensorik des Bodens bzw. den Boden als Sensorium im Rahmen von Kunstwerken. Martin Ullrich konzentriert sich auf akustische Phänomene, Julia Katharina Thiemann auf olfaktorische. Ullrich stellt das Desiderat einer mehr-als-menschlichen Musikwissenschaft vor, die von der bioakustisch fundierten Soundscape Ecology beeinflusst ist, um die Klanglandschaften von erdbewohnenden Tieren zu analysieren. Thiemann betrachtet aus kunstwissenschaftlicher Perspektive die Ästhetiken eines Terrestrisch-Werdens in Arbeiten von Suzette Bousema und Saša Spačals, wobei sie besonderen Wert auf deren Aroma legt.

Die beiden folgenden Beiträge befassen sich mit erdnaher Literatur, wobei einmal Marlen Haushofers erzählerische Texte im Mittelpunkt stehen und einmal die Erdlingsgedichte von Jan Wagner und damit u. a. Käfer, Würmer, Grottenolme und Maulwürfe. Nicola Kopf beleuchtet das Bodennahe als poetologisches Prinzip in den Schriften von Haushofer, insbesondere in der Erzählung *Das fünfte Jahr* (1952), und macht für ihre Analyse Donna Haraways Konzept „symchthonischer Geschichten"[7] fruchtbar. Laura M. Reiling untersucht in ihren Close Readings ausgewählter Gedichte die Rolle von erdbewohnenden

7 Ebd., S. 49.

Tieren in Wagners lyrischem Œuvre. Dabei kommt sie u.a. zu dem Schluss, dass durch den Fokus auf Tiere im Singular deren Stellenwert als Individuen betont wird.

Die letzten drei Textbeiträge fokussieren nichtmenschliche Beziehungen zur Erde, die einerseits durch die Gewalt kolonialistischer und heteronormativer Logiken gefährdet werden und andererseits durch fürsorgliches Mit-Werden und Respekt für nichtmenschliche Erdlinge Auswege aus einer zerstörerischen anthropozentrischen Weltsicht aufzeigen.[8] Laura Pappalardo rekapituliert die Zerstörung und Missachtung von Multispezies-Ökologien und der Landrechte der Guarani durch den Bau der Autobahn Rodovia dos Bandeirantes in Brasilien. Dabei analysiert sie im Rückgriff auf indigene Epistemologien Straßen als kollaborative Infrastrukturen. Nina-Marie Schüchter interpretiert die Videoarbeit *Metamorphosis* (2020) des Kollektivs The Institute of Queer Ecology als Beispiel für eine von Fürsorge getragene Erdutopie und liest das im Kunstwerk vorgeschlagene Insekt-Werden der Welt als Form des Terrestrisch-Werdens im Sinne Latours. Veronika Beck beschäftigt sich auf herrschaftskritische Weise mit drei sowohl materiell wie motivisch erdbezogenen Arbeiten von Marlene Bart und diskutiert sie im Zusammenhang von Machtdynamiken der Naturkunde und Queer Ecology.

Die vier künstlerischen Beiträge beschäftigen sich mit der Ästhetik, der Politik sowie dem Wert von Erde und Erdlingen und feiern alle auf unterschiedliche Art das Kompostieren als lebensschaffendes Prinzip. So werden einige Zeichnungen aus Claire Pentecosts ikonischer Arbeit *Soil-Erg* (2012) gezeigt, die erstmals auf der *dOCUMENTA(13)* ausgestellt waren. Pentecosts mehrteilige Installation befragt einerseits mit handgeformten Erdobjekten in Form von Goldbarren die kapitalistische Kommerzialisierung von Böden und präsentiert andererseits in einem erdgefüllten Kabinettschrank die wertvolle Kompostierarbeit von lebendigen Würmern für lebendige Erde.[9] Die flankierenden

8 Für die Notwendigkeit eines fürsorglichen Umgangs mit Erde und Böden plädiert u.a. auch Maria Puig de la Bellacasa: Soil Times. The Pace of Ecological Care. In: Dies.: *Matters of Care. Speculative Ethics in More than Human Worlds*. Minneapolis / London: U of Minnesota P, S. 169–216.

9 Bei dem Schrank handelte es sich um eine Kopie einer ebenfalls ausgestellten musealen Leihgabe aus dem 18. Jahrhundert. Auf ihm waren geologische Schichten dargestellt, so dass er auf den Extraktivismus der Zeit, vor allem den Kupferabbau verweisen sollte. Auf der Innenseite der Schranktüren waren Informationen über aktuelle Fälle

Zeichnungen stellen Geldscheine der von Pentecost als Alternative zum Petrodollar[10] erdachten fiktiven Währung Soil-erg dar, die der Arbeit ihren Namen gibt. Die Unikate in Erdfarben portraitieren menschliche und nichtmenschliche Erdlinge, die mit der Wertschöpfung und Wertschätzung von Böden zu tun haben. Das sind einerseits erdbewohnende und erdschaffende Lebewesen wie Regen- und Fadenwürmer, Käfer, Milben, Amöben, Schnecken und Maulwürfe und andererseits Menschen, die mit ihren Kunstwerken, Schriften, Theorien oder Praktiken das Verständnis von Erde, Böden und Agrikultur revolutioniert haben. Joseph Beuys und Franz Kafka tauchen auf, weil sie in einigen ihrer Werke den Menschen als Teil eines ökologischen Kreislaufs und Tier unter Tieren vorstellen. Charles Darwin wird für seine Forschung zu Erdwürmern geehrt, Rachel Carson als Initiatorin der Umweltbewegungen in den USA und Warren Buffet als Ökonom, der den steigenden monetären Wert von Böden vorausgesagt hat. Donna Haraway ziert gemeinsam mit ihrer Hündin Cayenne einen Soil-erg-Schein, weil sie das Verbundensein aller Erdlinge im Chthuluzän in ihren Schriften stark macht. Das Chthuluzän, ein Neologismus, den Haraway als Alternative zum Anthropozän vorschlägt, verweist auf ein Zeitalter des Chthonischen, also des Erdverbundenen, in dem nichtmenschlichen Akteur*innen das gleiche Gewicht zugesprochen wird wie den menschlichen. Es ist vom „Becoming-With" in Multispeziesgemeinschaften gekennzeichnet und von den sympoietischen Kräften der Erde (und kann somit auch als fruchtbares Referenzbild für die beiden folgenden Bildstrecken fungieren). Um das Chthuluzän anschaulich zu machen, beschreibt sie es als Komposthaufen der Erdgeschichte:

> The chthonic ones are not confined to a vanished past. They are a buzzing, stinging, sucking swarm now, and human beings are not in a separate compost pile. We are humus, not Homo, not anthropos; we are compost, not posthuman. As a suffix, the word *kainos*, '-cene,' signals new, recently made, fresh epochs of the thick present. To renew the biodiverse powers of terra is the sympoietic work and play of the Chthulucene. Specifically, unlike either the Anthropocene or the

von Landraub aufgeführt, bei denen Staaten, Unternehmen und Investmentfonds zu Spottpreisen Ackerland in Afrika, Asien und Südamerika ankaufen, um dort Nutzpflanzen für den Export anzubauen.

10 Der Begriff wurde 1973 von dem Wirtschaftswissenschaftler Ibrahim Oweiss geprägt, um die Bedeutung des Kapitalkreislaufs zwischen Rohöl und dem US-Dollar zu beschreiben. Der Erdölpreis ist zwar nicht offiziell an internationale Geldwerte gebunden, ist aber dennoch einer der wichtigsten Werte in der Weltwirtschaft.

> Capitalocene, the Chthulucene is made up of ongoing multispecies stories and practices of becoming-with in times that remain at stake, in precarious times, in which the world is not finished and the sky has not fallen – yet. We are at stake to each other. Unlike the dominant dramas of Anthropocene and Capitalocene discourse, human beings are not the only important actors in the Chthulucene, with all other beings able simply to react. The order is reknitted: human beings are with and of the Earth, and the biotic and abiotic powers of this Earth are the main story.[11]

Jenny Kendler beschäftigt sich in ihrer partizipativen Arbeit *Herd Not Seen* (2016) mit der Prärie als gefährdetem Ökosystem. Obwohl Illinois, wo sie ihr Projekt entwickelt und durchgeführt hat, als ‚Prairie State' gilt, ist dort nur noch etwa 1 % der ursprünglichen Grassteppe erhalten. Genauso ist die Anzahl der Bisons, die dort vor Ankunft der europäischen Siedler*innen lebten, extrem zurückgegangen. Von den riesigen Herden mit insgesamt mehr als 50 Millionen Tieren, die durch das Gebiet der heutigen USA zogen, überlebten nur etwa 500 Individuen das große Abschlachten seit Anfang des 19. Jahrhunderts. In Illinois selbst lebt nur noch eine Handvoll der mächtigen Tiere in kleinen Schutzgebieten. Kendler lässt die fast ausgestorbenen Tiere mit kleinen Erdskulpturen momenthaft wiederauferstehen. In die Erde, aus denen die Nachbildungen der Bisons gepresst wurden, integrierte sie Samen von Präriepflanzen. Nachdem sie die Miniaturherde im Museumsraum ausgestellt hatte, entließ sie die einzelnen Bisons in die Obhut von Besucher*innen und Museumsmitarbeiter*innen. Diese mussten sich verpflichten, die biologisch abbaubaren Objekte wieder in ihre ehemals angestammte Umwelt zurückzubringen und ihren natürlichen Zerfall fotografisch zu dokumentieren. Dabei fungierten die Bisonskulpturen als Saatbomben und führten dazu, dass überall, wo sie abgelegt worden waren, neue kleine Präriegebiete entstanden. Kendlers Geste setzt dem lebensfeindlichen Extraktivismus, der sowohl für die Dezimierung der Bisons als auch den Rückgang der Graslandschaften verantwortlich ist, eine fruchtbare lebensspendende Gabe für den Boden entgegen.

Daro Montags sogenannte Bioglyphen dokumentieren in spektakulären Momentaufnahmen die Tätigkeit von Erdlebewesen. Das Verfahren, bei dem Organismen Spuren auf – u. a. in der Erde vergrabenem – Farbfilm hinterlassen, entwickelte er 1993 und arbeitet bis heute mit ihm. Es handelt sich also nicht um Fotografien, sondern um direkte

11 Haraway: *Staying with the Trouble*, S. 55.

Aufzeichnungen von mikrobiologischer Aktivität.[12] Die Mikroorganismen im Boden zersetzen die Gelatine der fotografischen Emulsionen, essen also im Grunde die Sehnen und Knochen von für die Herstellung von Film getöteten Tieren, so wie es auch bei deren natürlichem Tod in freier Wildbahn geschehen würde. Die entstehenden Bilder sind im Grunde kompostiertes Filmmaterial. Als indexikalische Zeichen belegen sie die Agency von Mikroben, Regenwürmern oder anderen Erdlingen und verweisen auf den ökologischen Kreislauf des Lebens, bei dem aus verfallendem totem Material scheinbar alchemistisch neues Leben entsteht.[13] Die abstrakten Bilder, die an Aufnahmen des Kosmos erinnern, feiern die Kreativität der organischen Welt und die beteiligten Erdlinge, die Montag als Inspiration, Kollaborateur*innen und Ko-Autor*innen seiner Werke versteht. Mit Referenz auf Vladimir Ivanovich Vernadskys viel zitierten Ausspruch „We are walking, talking minerals"[14] beschreibt Montag auch Menschen im emphatischen Sinn als Erdlinge:

> We, descendents from the living earth, are that aspect of the soil that has taken form – that has pulled itself together and learnt to move around. We are soil that has learnt to talk and reflect on its place in the cosmos. We are walking, talking, thinking soil.[15]

Und alle Erdlinge kehren auch wieder zur Erde zurück und lösen sich in die Mineralien auf, aus denen sie bestehen. Das Leben, das sie vor ihrem Tod geführt haben, und die Art und Weise, wie sie gestorben sind und wie ihnen nach ihrem Tod begegnet wurde, ist aber sehr unterschiedlich. Linnéa Ryshke ehrt mit ihren Arbeiten das Andenken von Hühnern, die als sogenannte Nutztiere getötet wurden und deren Leben und Sterben in der Massentierhaltung wenig Aufmerksamkeit und

12 Daro Montag: *Bioglyphs. The Generation of Images in Collaboration with Nature's Events*. Dissertation, University of Hertfordshire, 2000.

13 Einmal nutzte er eine Probe aus Walter de Marias berühmtem New Yorker *Earth Room* (1977), der aus einem mit Erde gefüllten Raum besteht, um einen Bioglyphen herzustellen. Während die Erde des *Earth Room* nicht bewässert wird und seit Jahren unverändert erscheint, zeigten sich innerhalb weniger Tage auf dem feuchten Film Pflanzen und Pilze sowie andere kleine Organismen. Auch scheinbar tote Erde kann also mit minimalen Mitteln wiederbelebt werden.

14 Vladimir Ivanovich Vernadsky, zit. n. Lynn Margulis / Dorion Sagan: *What is Life?* Berkeley: U of California P 1995, S. 49.

15 Daro Montag: Thinking Soil. In: *Interalia Magazine*, o. D. https://www.interaliamag.org/articles/daro-montag/ (Zugriff am 03.01.2025).

noch weniger Empathie entgegenbracht wird. Für *Bone-Stones: Relics of Our Wreckage* sammelt sie Hühnerknochen, die achtlos weggeworfen wurden, und verarbeitet sie zu Objekten, die formal an Grabsteine und materiell an ausgetrocknete Erde erinnern. Mit dieser Trauerarbeit erinnert sie an die anonymen Individuen, deren Leben, Gefühle und Interessen grausam missachtet wurden, weil sie als bloße Ressource angesehen und behandelt wurden. 95 % der Tiere, die in Massentierhaltung gezüchtet werden, sind Hühner und sie leiden ganz besonders unter der Tierausbeutungsindustrie. Keines von ihnen erhält einen eigenen Grabstein. Aber die Spuren ihrer ehemaligen Präsenz werden sich zukünftig als Knochenablagerungen in die geologischen Strata der Erde einschreiben. Dann fungiert die Erde einmal mehr als Archiv und Zeugin von anthropogener Gewalt. So konstatieren Elena Agudio und Marleen Boschen: „Soil as the earth's vulnerable skin can hold geotrauma."[16] Linnéa Ryshkes Fürsorge ist ein posthumer Akt der Anteilnahme und vielleicht auch ein Versuch der Heilung. Sie wendet sich den Knochen und damit den Wunden der geschundenen Hühner zu, verleiht einem individuellen Huhn mit Hilfe ihrer Asche in der Zeichnung *Remains* eine eindringliche Sichtbarkeit und hilft bei der tröstlichen Transformation von ‚Asche zu Asche' und ‚Erde zu Erde'.

Jessica Ullrich

16 Agudio / Boschen: *Agropoetics*, S. 19.

Terrestrisches Theoretisieren

Wir Erdlinge

Vom Leben im Untergrund

Markus Schroer

Im Laufe seiner Geschichte hat sich der Mensch immer weiter vom Boden entfernt. Sein aufrechter Gang erhebt ihn über die Erdoberfläche, auf der viele andere Lebewesen weiterhin verharren. Nur über die geringe Fläche seiner beiden Fußsohlen bleibt er mit dem Boden unmittelbar verbunden.[1] Sein Blick geht in die Ferne und seine Orientierung weist stets nach oben, wie zahlreiche Erfindungen und kühne Konstruktionen zeigen. Vom Turmbau zu Babel bis zu den Wolkenkratzern der hochtechnisierten Gesellschaften der Moderne reichen die Versuche, sich vom Boden zu lösen und bis in den Himmel zu bauen. Das ursprüngliche Ziel, dadurch Gott so nah wie möglich zu kommen, weicht im säkularisierten Zeitalter dem Bestreben, der Erde zu entfliehen und im Weltraum nach alternativen Planeten Ausschau zu halten, auf denen menschliches Leben möglich sein könnte. Die weiterhin anhaltende „Suche nach neuen Wohnplätzen im Universum" ist Ausdruck der angestrebten „Emanzipation des Menschengeschlechts von der Erde".[2] Diese Absetzbewegung von der Erde als Planet lässt sich als großangelegter Versuch des Menschen lesen, seine terrestrische Herkunft hinter sich zu lassen. Mit der ebenso intensiv vorangetriebenen Loslösung von der Erde als Boden geht die Verachtung gegenüber allem einher, was sich auf oder gar unter diesem befindet, dort verharrt und sich nicht über die Erdoberfläche erhebt. Alles, was ‚unten' lebt, arbeitet oder agiert, wird im Zuge der umfassenden Flucht vom Boden negativ konnotiert – was alle nichtmenschlichen Tiere (Asseln, Würmer, Maulwürfe) ebenso betrifft wie Berufe von Menschen, die

1 Erwin Straus: Die aufrechte Haltung. Eine anthropologische Studie. In: Ders.: *Psychologie der menschlichen Welt. Gesammelte Schriften*. Berlin / Göttingen / Heidelberg: Springer 1960, S. 224–235.

2 Hannah Arendt: *Vita activa oder Vom tätigen Leben*. München: Piper 2002, S. 8, 9. Vgl. dazu Markus Schroer: *Geosoziologie. Die Erde als Raum des Lebens*. Berlin: Suhrkamp 2022, S. 461–478.

mit und unterhalb des Erdbodens arbeiten (Landwirte, Bauarbeiter im Tiefbausektor, Kanalarbeiter usw.). Die nicht zufällig so bezeichnete ‚Unterwelt' als Heimstatt des Bösen und der Kriminellen, die in der Kanalisation abtauchen, um sich dem polizeilichen Zugriff zu entziehen, oder in Kellern Zuflucht nehmen, um ihre nächsten Aktivitäten in der oberirdischen Gesellschaft zu planen, gehört in diesen Zusammenhang.[3] Auch die übliche Unterteilung zwischen ‚Unterklasse' und ‚Oberklasse' im Klassensystem von Gesellschaften folgt einem hierarchischen Oben/Unten-Schema, das den Menschengruppen der jeweiligen Klasse je spezifische Räume zuweist. Während sich die Luxussuiten von Hotels und die Chefetagen der Unternehmen stets in den oberen Etagen der Gebäude befinden, werden Angehörige der Unterklasse – das ‚Personal', die Bediensteten, der Hausmeister usw. – auffällig oft in engen Räumen im unteren Teil der Gebäude untergebracht.[4] Die angeblich nur mehr funktionale Differenzierung der modernen Gesellschaften hat diese hierarchische Raumordnung keineswegs beseitigen können. Sie erweist sich vielmehr als außerordentlich persistent. Insbesondere in der westlichen Welt schlagen sich die eindeutig positiven bzw. negativen Konnotationen des oben und unten sogar bis in die Bewertung der verschiedenen Regionen des Körpers nieder. So genießen etwa die Füße im Gegensatz zum Kopf in der westlichen Wertehierarchie keine große Wertschätzung. Denn sie sorgen dafür, den menschlichen Körper auf dem Boden festzuhalten; sie erinnern ihn permanent an seine terrestrische Herkunft, seine Bleibe und seine nur

3 Vgl. dazu die nahezu ikonisch gewordenen Bilder in *The Third Man* (*Der dritte Mann*, GB 1949, R: Carol Reed) oder *M – Eine Stadt sucht einen Mörder* (D 1931, R: Fritz Lang). Passend zu diesen aus der empirischen Wirklichkeit entnommenen und auf diese wieder zurückwirkenden Darstellungen wurde 2019 in einem tief unter der Erde gelegenen ehemaligen Bunker der Bundeswehr bei Traben-Trabach an der Mosel ein Darknet-Rechenzentrum entdeckt, vgl. juh/dpa: Prozess um den „Cyberbunker" beginnt. In: *Spiegel*, 13.10.2020. https://www.spiegel.de/netzwelt/cyberbunker-prozess-um-darknet-zentrum-an-der-mosel-a-0b55341c-63b3-43d8-88a3-18540cf689d6 (Zugriff am 01.11.2024) Diese Beispiele, denen sich leicht weitere hinzufügen ließen, zeigen, dass eine Gesellschaft vieles dessen, was sie nicht mit sich vereinbaren zu können meint, möglichst unsichtbar zu machen versucht, wozu sie das Unterirdische als bevorzugten Raum wählt: der Atommüll, das Verbrechen u. v. m. sollen möglichst unterhalb der Erdkruste verborgen werden, um die oberirdische Gesellschaft möglichst rein zu halten von schädlichen Substanzen und für ansteckend gehaltenen Verhaltensweisen, deren Ausbreitung verhindert werden soll.

4 Der Film *기생충* (*Parasite,* Südkorea 2019, R: Bong Joon Ho) führt diese Raumstruktur noch einmal eindrücklich vor.

sehr bedingt – ausschließlich mit Hilfe von technischen Fahrzeugen – vorhandenen Möglichkeiten, ihm zu entkommen; sie scheinen ihn an seinen Heimatplaneten regelrecht zu fesseln, während der Kopf in den Wolken schwebt und zu außerplanetarischen Lebensmöglichkeiten drängt. Die aktuellen Fluchtbewegungen der Superreichen angesichts der sich zunehmend verschärfenden Klimakatastrophe weisen folgerichtig in den Weltraum, nicht in das Erdreich. Das eigene Heil wird längst außerhalb der Erde gesucht, die als langfristige Wohnstätte zum auslaufenden Modell erklärt wird. Von geplanten *Reisen zum Mittelpunkt der Erde* hört man dagegen nichts.

In den einschlägigen Darstellungen des Lebens und des Lebendigen stoßen wir auf eine ebenfalls hierarchisch angelegte Ordnung. Der Philosoph und Theologe Charles de Bouelles (1479–1567) etwa hat ein wirkmächtiges Modell alles Existierenden vorgelegt, das vom unbelebten Stein über die Pflanzen und die Tiere bis zum Menschen reicht, der als Krone der Schöpfung alle anderen Existenzen überragt, weil er als das einzige zur Vernunft fähige Lebewesen verstanden wird.[5] Diese Lebenspyramide zeigt eindrücklich, dass alles, was nah am Boden existiert (Pflanzen, Pilze, Würmer, Schnecken, Ameisen, Spinnen und Asseln), in der menschlichen Werteskala des Lebendigen keinen hohen Stellenwert genießt. In der langen Geschichte von Imaginationen, in denen der Mensch sich in ein Tier verwandeln will, lassen sich passend dazu keine Bewohner des Erdreichs auffinden: Der Mensch will Adler, nicht Assel sein. Bei der – ganz im Sinne des angestrebten Adler-Werdens – zunehmenden Eroberung des Luft- und Weltraums durch Flugzeug, Rakete und Raumschiff, bedient sich *homo faber* der Erdoberfläche als Boden seiner gesamten Bautätigkeiten und als Grund der Verkehrs- und Transportwege, die ihm die sukzessive Erschließung der gesamten Erde ermöglichen sollen. Das Reich unterhalb der Erdoberfläche fungiert dabei bis heute vor allem als Ressourcenreservoir, das für diese Art von Vorhaben in großem Stil angezapft wird. Für seine Bestrebungen, sich möglichst mühelos auf der gesamten Erde bewegen und in ihr einrichten zu können, werden Stoffe wie Öl, Kohle und Gas aus den Tiefen der Erde mithilfe aufwändiger technischer Verfahren und

5 Vgl. Stefano Mancuso: *Die Intelligenz der Pflanzen*. München: Kunstmann 2015, S. 22–23. Zur Problematik des Klassifizierens alles Lebendigen vgl. Michel Foucault: *Die Ordnung der Dinge. Eine Archäologie der Humanwissenschaften*, aus d. Franz. v. Ulrich Köppen. Frankfurt am Main: Suhrkamp 1971, S. 165–210.

erheblichem Kraft- und Energieaufwand an die Erdoberfläche befördert.[6] Die unterirdischen Vorkommen dieser Ressourcen ermöglichen erst das oberirdische Leben, das von seinen unterirdischen Grundlagen jedoch nichts wissen will. Alle für das moderne Leben zentralen stofflichen Voraussetzungen werden vielmehr bevorzugt unter die Erde verlegt und damit unsichtbar gemacht. Diese auffällige Invisibilisierung der Infrastruktur in Gestalt von Kanälen, Rohrsystemen, Leitungen und Kabeln, durch welche die benötigten Flüssigkeiten, Gase und sonstigen Stoffe befördert werden, nährt die Illusion der Unabhängigkeit von allem, was der Mensch nicht in der Lage ist selbst zu erschaffen.[7] Insbesondere ein auf Digitalität setzender Gesellschaftstypus wie der unsere sieht von der materiellen Grundlage und den Voraussetzungen scheinbar immaterieller Datenströme gerne ab, die ohne die aus dem Boden gewonnenen Stoffe wie etwa seltene Erden jedoch umgehend zum Erliegen kämen.

Der rein instrumentelle Bezug zum Unterirdischen hat sehr lange übersehen lassen, dass es sich beim Raum unter der Erde jedoch nicht nur um ein bloßes Rohstoffreservoir, sondern auch um den Lebensraum für eine Vielzahl von Lebewesen handelt, der erst seit kurzem eine wachsende Aufmerksamkeit auf sich ziehen kann aufgrund der zahlreichen ökologischen Krisen, die die Bedeutung des Bodens für das Überleben der Menschheit zunehmend deutlich werden lassen. Statt die unterhalb der Erdoberfläche befindliche, reiche Welt an Lebendigem weiterhin als weitgehend toten Raum zu behandeln, stellt sich die dringende Aufgabe, das Leben im Boden nicht mehr länger zugunsten des Lebens auf und über dem Boden zu vernachlässigen, sondern zum Gegenstand intensiver Forschung zu erheben:

> Das Thema Boden [...] wurde lange vernachlässigt, heute ist es zurück. Jeder Zentimeter ist unterschiedlich. Es dauert tausend Jahre, bis sich der Boden bildet. Zurzeit wird er massiv zerstört. Das ist eine sehr ernste, aber sehr wenig verstandene Bedrohung.[8]

6 Vgl. Wolfgang Eßbach: Der Bergbau und die Kultur des Findens. In: *Österreichische Zeitschrift für Soziologie* 7 (1982), S. 6–18; Timothy Mitchell: Carbon Democracy. In: *Economy and Society* 38 (2009), S. 399–432; Stephanie LeMenager: *Living Oil. Petroleum Culture in the American Century*. Oxford: Oxford UP 2016.

7 Vgl. Schroer: *Geosoziologie*, S. 306–310.

8 Bruno Latour / Harald Staun: „Wir sind alle wie Trump." Bruno Latour im Interview. In: *Frankfurter Allgemeine Zeitung*, 12.05.2018. https://www.faz.net/aktuell/

Einen erheblichen Anteil an der Hervorbringung fruchtbaren Bodens haben eine Vielzahl von Lebewesen, die nicht nur dem Laien weitgehend unbekannt sind, sondern lange Zeit auch kaum wissenschaftliches Interesse wecken konnten, wozu nicht zuletzt die geschilderte Negativkonnotation des ‚unten' beigetragen haben dürfte. Als eine der wenigen Ausnahmen kann hier der österreich-ungarische Botaniker, Mikrobiologe, Natur- und Kulturphilosoph Raoul Heinrich Francé (1874–1943) gelten, der sich vergleichsweise früh der Welt der Mikroorganismen und Bodentiere zugewandt hat, die er als „Edaphon" bezeichnet.[9] Dieser Begriff (von gr. *edaphos* = Erdboden) umfasst die Gesamtheit der „Erdlebewesen, [...], die kleinen Insekten, die Erdwürmer und Milben, Bärtierchen, die Spaltalgen und Spaltpilze, die Bodenpilze und Kieselalgen, die Grünalgen" und viele andere Lebewesen mehr, die „eine in sich geschlossene, miteinander durch zahllose Beziehungen verknüpfte Lebensgemeinschaft bilden".[10] Obwohl wir um ihren unverzichtbaren Anteil am menschlichen Leben wissen, fällt es uns dennoch schwer, so Francé,

> einen wirklich erlebten Begriff davon zu haben, daß alles zu unseren Füßen da drunten lebt und mit diesem Leben an einem Webstuhl von tausend feinen Fäden hineingreift in den Alltag, ins tägliche Brot, die Gewebe, in die man sich kleidet, das Holz der Häuser und Geräte und das Papier, ohne das heute des Menschen Geist verdorren würde.[11]

Als weitere Ausnahme neben Francé kann der Historiker Jules Michelet (1798–1874) angeführt werden, der schon fast ein Jahrhundert zuvor auf die eminente Bedeutung der Kleinst- und Mikrowesen aufmerksam machte, sie als „die unbemerkbaren Erbauer des Erdballs" vorstellte und für sich selbst sprechen lässt:

> „Wir", würden die Unbemerkbaren sagen, „die unbekannten, ungenannten Thierchen, die der Mensch verachtet oder von denen er nichts weiß, wir sind die Versorger, die Vorbereiter deiner Cultur, deiner Wohnungen. [...] Deine Städte, deine Louvres, deine Capitole sind aus unseren Überbleibseln erbaut."[12]

feuilleton/buecher/autoren/interview-mit-dem-franzoesischen-soziologen-bruno-latour-15586851.html (Zugriff am 01.11.2024).

9 Raoul H. Francé: *Das Leben im Boden/Das Edaphon. Untersuchungen zur Ökologie der bodenbewohnenden Mikroorganismen*, mit Einführung v. René R. Roth u. Nachwort v. Georg E. Siebeneicher. Kevelaer: OGV Lau 2022.

10 Ebd., S. 44.

11 Ebd.

12 Jules Michelet: Die unbemerkbaren Erbauer des Erdballs. In: *Tumult. Zeitschrift für Verkehrswissenschaften* 7 (1985): Der Planet, S. 78–82, hier S. 79.

Beide Autoren machen mit ihren Beobachtungen schon früh deutlich, wie wenig trennscharf Natur und Kultur auseinandergehalten werden können, weil die sich scheinbar von der Natur loslösende menschliche Kultur zutiefst abhängig von der Natur bleibt.[13] Trotz dieser frühen Einlassungen ist es bei der weitgehenden Fremdheit und Unbemerktheit der Bodenlebewesen, die auch als Erdlinge bezeichnet werden, bis heute geblieben. Wie ist das zu erklären? Die Ausblendung der Abhängigkeiten von nichtmenschlichen Lebewesen und die Zurückweisung der Ansprüche anderer Lebewesen auf die Erfindungen und Entdeckungen, die der Mensch einzig und allein sich selbst und seinen außerordentlichen Fähigkeiten zuschreibt, spielen dabei zweifellos eine zentrale Rolle. Einsichten wie die von Francé und Michelet untergraben das Selbstbild des Menschen als Demiurgen, für den andere Lebewesen und Stoffe nicht mehr als Material für seine eigenen Vorhaben darstellen, keinesfalls aber selbst aktive Lebewesen sind, die sich sogar anmaßen könnten, als Urheber menschlicher Bauwerke zu gelten. Darüber hinaus beruhen die Vernachlässigung und daraus folgende Verachtung aber wohl auch auf dem erschwerten Zugang zum Erdreich. Von der lebendigen Vielfalt anderer Lebensräume kann sich der Mensch selbst ein Bild machen. Etwa von den Lebewesen in den Ozeanen beim Tauchgang. Sich in ähnlicher Weise in die Erde hinein zu begeben, ist ihm dagegen nicht ohne Weiteres möglich. Die relative Festigkeit der Erde macht den Aufenthalt in ihr für den Menschen nahezu unmöglich, wenn nicht unter erheblichem Einsatz von Kraft und Energie Wege und Tunnel durch das Erdreich gebahnt werden, durch die dieses aber zugleich eine massive Veränderung und Umgestaltung erfährt. Der Mensch kann den Boden nicht aufsuchen und wieder verlassen, ohne deutliche Spuren seiner Anwesenheit zu hinterlassen. Während es ihm nur schwer gelingt, den glatten Raum des Meeres zu kerben, ist ihm ein Betreten des Bodens kaum möglich, ohne ihn damit zugleich auch zu kerben.[14] Denn anders als für den Maulwurf ist das Vorankommen in der Erde für den Menschen von vorneherein beschwerlich. Der Widerstand, den die Materie dem Menschen

13 Vgl. Markus Schroer: Raum aus kultursoziologischer Perspektive. In: Ders.: *Räume der Gesellschaft. Soziologische Studien*. Wiesbaden: Springer VS 2019, S. 143–156.

14 Gilles Deleuze / Felix Guattari: 1440 – Das Glatte und das Gekerbte. In: Dies.: *Kapitalismus und Schizophrenie. Tausend Plateaus*, aus d. Franz. v. Gabriele Ricke / Ronald Voullié. Berlin: Merve 1992, S. 659–693.

entgegensetzt, ist beträchtlich. Das Erdreich ist eben nicht gasförmig wie die Luft oder flüssig wie das Wasser, sondern fest, was auch bedeutet, dass hier kein Licht durchdringt, es mithin dunkel ist wie in einem Grab. Entsprechend gering ausgeprägt ist unsere Beziehung zu den dort (unten) lebenden Kreaturen, die auch ohne Licht und ohne Augen zu existieren vermögen. Anders als beim Wasser – das stets als Urquell des Lebens verstanden wird – zeichnet sich der Boden durch sein enges Verhältnis zu Tod, Zersetzung und Verfall aus, woran er schwer zu tragen hat. Der Boden erscheint dem Menschen weniger als Lebensraum, denn als ein Raum des Todes, als Hades, Gruft und Grab.[15] Im Erdreich richtet er nicht sein Leben ein, sondern hier bestattet er seine Toten. Dies vermag wohl auch zu erklären, warum er unter der Erde zwar durchaus arbeitet, nicht aber auch wohnen will, was ihn von vielen im Erdreich lebenden Tieren unterscheidet, die hier ihre zum Teil durchaus komplexen Behausungen anlegen. Das für den Menschen ersonnene „Erdhaus"[16] hat sich dagegen bisher nicht durchsetzen können. Vor allem in der modernen Architektur gibt es vielmehr eine dem allgemeinen Trend zur Bodenflucht folgende Tendenz, die „Erdgebundenheit des früheren Bauens aufzugeben"[17] und sich eher – die Schwerkraft scheinbar überwindend – in die Luft zu erheben, wie etwa in den Architekturentwürfen von Zaha Hadid.[18] Allerdings gibt es – vor allem vor dem Hintergrund der umfassenden ökologischen Krisen und Katastrophen – auch aktuelle Gegenbeispiele, die sich der Erde wieder annähern und das Unterirdische als möglichen Wohnraum für den Menschen wiederentdecken und attraktiv machen wollen.[19]

Über diese neue architektonische Hinwendung zur Erde hinaus werden derzeit noch weitere Möglichkeiten ersonnen, mit dem Boden und seinen Lebewesen in Kontakt zu treten, ohne gleich massiv in ihn eingreifen zu müssen. So macht etwa der Ökoakustiker Markus Maeder mit speziellen Mikrophonen Geräusche von Kleinstlebewesen im

15 Vgl. Kunstsammlung Nordrhein-Westfalen (Hrsg.): *Unter der Erde. Von Kafka bis Kippenberger*. Dortmund: Kettler 2014.

16 Mike Edelhart: *Das Erdhaus. Handbuch für Architekten und Bauherren*. Wien: Pietsch 1983.

17 Alfred Weber: *Der dritte oder der vierte Mensch. Von Sinn des geschichtlichen Daseins*. München: Piper 1953, S. 252.

18 Vgl. Schroer: *Geosoziologie*, S. 279.

19 Tadao Ando: *Bauen in die Erde = Sunken courts*. Sulgen: Niggli 2007.

Boden hörbar, die sogar miteinander zu kommunizieren scheinen. Die Forschungen Maeders könnten an die Beobachtung Michelets anknüpfen und sie zugleich überwinden helfen:

> Es giebt eine Welt unter dieser Welt, darüber, darin, rings um sie her, eine Welt, von der wir keine Ahnung haben. Kaum hören wir sie in einzelnen Augenblicken leise murmelnd, rauschen, und dann sagen wir uns: Es ist unbedeutend; es ist Nichts.[20]

Statt der eigenen Wahrnehmung weiterhin zu misstrauen und das durchaus Wahrnehmbare zu leugnen, wird in Maeders Forschung mithilfe von Kopfhörern und hochsensiblen, in die Erde versenkten Mikrofonen selbst das bisher nicht Wahrnehmbare wahrnehmbar gemacht. Seine Untersuchungen zeigen, dass die Aktivitäten von Lebewesen entweder sehr deutlich oder aber auch kaum zu hören sind – was auf die jeweilige Qualität des Bodens schließen lässt. Dort, wo die Bodenbereiter unüberhörbar am Werk sind, haben wir es mit einem lebendigen und fruchtbaren Boden zu tun, während die ebenfalls deutlich vernehmbare Stille als Zeichen für einen ausgelaugten Boden genommen werden kann. Mit dieser Forschungsarbeit scheint es beinahe so, als hätte Maeder endlich den Hörer jenes *Erdtelephons* abgenommen, das Joseph Beuys (1921–1986) schon 1967 konstruiert hat, um eine Verbindung zwischen dem modernen Kommunikationsgerät und dem Erdreich herzustellen. Dabei geht es Maeder jedoch weniger um Energieströme als vielmehr um die Bodenaktivitäten der dort versammelten Lebewesen, die im Ranking aller erfassten Lebewesen bisher keinen hohen Stellenwert einnehmen, obwohl sie es sind, die den Boden erst zu dem machen, was er im Idealfall sein kann: Humus! Die ebenso vielzähligen wie vielgestaltigen Lebewesen im Erdreich sind – neben den Einflüssen des Klimas, des Wasserhaushalts und der Luft – „ganz entscheidend bei der Frage, welcher Boden entsteht. Dazu gehören die Pflanzen genauso wie Tiere und Mikroorganismen. Sie beeinflussen ihr Umfeld durch ihre Nahrungsvorlieben, ihren Lebenswandel und selbst ihre Ausscheidungen."[21]

Die Faszination für die im Boden stattfindenden Aktivitäten der vielfältigen Lebewesen sollte jedoch nicht dazu führen, den Lebensraum

20 Michelet: Erbauer des Erdballs, S. 78.

21 Peter Laufmann: *Der Boden. Das Universum unter unseren Füßen*. München: Bertelsmann 2020, S. 47.

Boden als eine von allem sonstigen Leben abgetrennte Welt für sich zu betrachten und damit ein Bild überschneidungsfrei funktionierender Ökosysteme zu erzeugen, ohne viel Wert auf die zahlreichen Verbindungen zwischen ihnen zu legen, wie es lange Zeit der Fall war.[22] Statt das Augenmerk nun etwa allein auf die Bodenlebewesen zu richten, gilt es im Sinne des Anthropozäns auch das Menschengemachte an den Böden – im Zusammenspiel mit anderen Lebewesen – systematisch zu berücksichtigen. Dabei ist das Wirken des Menschen offenbar nicht von vorneherein ausschließlich als zerstörerisch zu bewerten:

> Seit Beginn des Ackerbaus vor etwa 12.000 Jahren haben sich Menschen damit beschäftigt, die Fruchtbarkeit ihrer Äcker zu erhalten oder sogar zu verbessern. Mist aus der Viehhaltung diente als Dünger, stickstoffbindende Pflanzen wie Linsen und Erbsen wurden angebaut, Brachejahre eingehalten oder längere Wiederbewaldung zugelassen.[23]

Die Zusammensetzung und Beschaffenheit der Böden sind insofern schon lange keine natürliche Gegebenheit mehr, sondern auch das Resultat des spezifischen Umgangs des Menschen mit ihm. Heute befindet sich der Boden in vielen Weltregionen allerdings in einem alarmierend schlechten Zustand. Passend zur immer intensiver werdenden Arbeitsproduktivität, für die die Räder nie stillstehen sollen, wurden auch den Böden keine Pausen mehr gegönnt, auf die Brache verzichtet und für ein schnelleres Wachstum der Pflanzen Stoffe beigemengt, um den Ertrag in der Landwirtschaft permanent zu steigern. Zudem haben wir es mit einer umfassenden Flächenversiegelung zu tun, die die eigentlich porösen Böden in glatte Oberflächen verwandelt, die vor allem Fahrzeugen ein schnelles Vorankommen auf asphaltierten Straßen ermöglichen sollen. Dieses Verschließen der Böden trägt zu einem erheblichen Teil dazu bei, dass es im Fall von Überschwemmungen zu so gravierenden Schäden kommt, wie wir es aktuell immer häufiger erleben. Denn die bei immer häufiger werdenden Extremwetterereignissen in kurzer Zeit stark zunehmenden Wassermengen können nicht

22 Man schaue sich dafür die zahllosen wissenschaftlichen wie populärwissenschaftlichen Überblicksbände an, die sich nur jeweils einer Lebensform widmen. Nicht jeder Darstellung über Pflanzen, Pilze oder Tiere ist es immer schon um den Zusammenhang der verschiedenen Lebensformen zu tun. Klassischerweise sind sie eher getrennt voneinander behandelt worden, den Klassifizierungen des Lebendendigen in der Biologie folgend.

23 Heinrich-Böll-Stiftung (Hrsg.): *Bodenatlas. Daten und Fakten über eine lebenswichtige Ressource.* Berlin: Heinrich-Böll-Stiftung 2024, S. 10.

mehr versickern, weil die Böden nicht mehr aufnahmefähig sind. So bahnen sich die Wassermassen immer weiter ungehindert ihren Weg und entfalten dabei immer zerstörerischere Kräfte. Umgekehrt erweisen sich intakte, hinreichend durchlässige Böden angesichts von Flutkatastrophen geradezu als Lebensretter, da in ihnen das Wasser sehr viel schneller einsickern kann. Ein versiegelter Boden wirkt dagegen wie eine undurchlässige Grenze, die etwa das Wasser – obwohl dringend benötigt – draußen hält. Begreift man Böden als Ökosysteme gilt für sie das, was für alle Systeme gilt: Sie benötigen ein bestimmtes Maß an Offenheit, um in Austausch mit ihrer Umwelt treten zu können. Die Grenze der Erdoberfläche porös zu halten, dafür sorgen jedoch gerade die schon von Francé mit großer Faszination beschriebenen Kleinstlebewesen, die den Boden durch ihre Aktivitäten auflockern und damit für den notwendigen Zustrom lebenswichtiger Stoffe von außen sorgen – wenn man sie denn lässt.
Spätestens vor diesem Hintergrund ergibt sich eine auffällige Verwandtschaft zwischen Boden und Mensch, kann doch mit Ludwig Feuerbach (1804–1872) der Mensch und sein Leib als das „poröse Ich“[24] aufgefasst werden, das über seine Sinnesorgane und Körperöffnungen mit seiner Umwelt ebenfalls in permanentem Austausch steht. Aber nicht nur das. Die Parallelen reichen noch weiter: Der Griff in den Boden offenbart uns eine ungeheure Fülle von darin befindlichen Lebewesen, die sich noch um ein Vielfaches erhöht, wenn die mit bloßem Auge nicht erkennbaren Bakterien hinzugezählt werden. Nimmt man das Mikroskop zu Hilfe, kann jedoch auch „der menschliche Körper als bakterieller Lebensraum“ bezeichnet werden, enthält er doch zehnmal mehr Bakterienzellen als eigene menschliche Zellen.[25] Die Worte *homo* (Mensch) und *humus* (Erde) verweisen damit nicht nur auf eine semantische Ähnlichkeit, sondern auf einen gemeinsamen Ursprung, der auch im Namen ‚Adam‘ aufbewahrt ist, der aus der Ackererde, der *adamah* erschaffen wurde: „Wir Erdlinge sind aus ebenjenem Boden und Staub hervorgegangen, zu dem wir auch wieder zurückkehren

24 Ludwig Feuerbach: Über den Anfang der Philosophie. In: Ders.: *Sämtliche Werke*, Bd. 2: Philosophische Kritiken und Grundsätze. Stuttgart-Bad Canstatt: Akademie 1959, S. 205–215, hier S. 213.

25 Stefan Helmreich: Menschliche Natur auf See. In: Martin G. Weiß (Hrsg.): *Bios und Zoë. Die menschliche Natur im Zeitalter technischer Reproduzierbarkeit*. Frankfurt am Main: Suhrkamp 2009, S. 136–151, hier S. 146.

werden“[26]. Mit Latour lassen sich damit nicht nur die im Boden lebenden Erdlebewesen als Erdlinge verstehen, sondern auch alle diejenigen, die sich mit der Erde weiterhin verbunden fühlen und sie deshalb weder weiter zerstören noch verlassen wollen; schon weil sie – im Gegensatz zu den erdflüchtigen privaten Weltraumenthusiasten – die Tatsache nicht verdrängen, dass sie „nirgendwo anders hinkönnen.“[27] Die Auffassung, dass menschliche Wesen aufgrund ihrer unausweichlichen Ortsgebundenheit eher als „Ortlinge“ denn als „Erdlinge“ zu bezeichnen seien,[28] gilt es vor diesem Hintergrund zu revidieren. Die Privilegierung des Orts- gegenüber dem Erdbezug ist eher Ausdruck einer Perspektive, der eine vertikale Sicht auf erdräumliche Verhältnisse fehlt, die in einer an Geologie und Geographie orientierten Geosoziologie[29] dagegen systematische Berücksichtigung finden, indem bei ihrer Untersuchung der *Multispecies Societies*[30] neben dem Oberirdischen immer auch der Bezug zum bisher sträflich vernachlässigten Unterirdischen hergestellt wird. Eine einseitige Konzentration auf die Erdoberflächenphänomene unter Vernachlässigung des Unterirdischen auch in der Praxis trägt dagegen zur wachsenden Gefahr bei, dass aus Erdlingen schließlich Endlinge[31] werden.

26 Bruno Latour: Warten auf Gaia. Komposition der gemeinsamen Welt durch Kunst und Politik. In: Michael Hagner (Hrsg.): *Wissenschaft und Demokratie*. Berlin: Suhrkamp 2012, S. 163–188, hier S. 179.

27 Ebd., S. 182.

28 Edward Casey: Vom Raum zum Ort in kürzester Zeit. Phänomenologische Prolegomena. In: *Phänomenologische Forschungen* (2003), S. 55–95, hier S. 62.

29 Schroer: *Geosoziologie*.

30 Laÿna Droz / Romaric Jannel / Christoph D. D. Rupprecht: Living through Multispecies Societies. Approaching the Microbiome with Imanishi Kinji. In: *Endeavour* 46 (2022). https://www.sciencedirect.com/science/article/pii/S016093272200014X?via%3Dihub (Zugriff am 18.12. 2024).

31 Elaine Andrews: The Last Word. In: *Nature* 381,272 (04.04.1996). https://www.nature.com/articles/381272d0 (Zugriff am 18.12.2024).

Irdisches Zusammensein

Ein Plädoyer für das Leben mit Würmern*

Filippo Bertoni

In diesem kurzen Aufsatz werde ich versuchen, Sie von der Bedeutung der Regenwürmer für das Denken über Politik zu überzeugen. Sollte dies wie ein Streitfall klingen, dann ist das auch so. Die Materialien in diesem Aufsatz habe ich zunächst zusammengestellt, um einen Fall zu vertreten. Sie waren Teil einer öffentlichen ‚Verteidigung' meiner Dissertation[1], die in den Niederlanden stattfand, wo ein Forscher am Ende seines Studiums vor einem Komitee von Akademiker*innen in vollem Ornat steht, die die vorgelegten Beweise abwägen und in höfischer Manier ein offizielles Urteil fällen. Dieses Forum steht stellvertretend für einen Großteil der euro-amerikanischen Politik und präsentiert die Wahrheit in Form einer binären Beziehung. Es gibt Recht und es gibt Unrecht. Deshalb ist es wichtig, gleich zu Beginn zu sagen, dass die Zeit, die ich mit Würmern und den Wissenschaftler*innen, die mit ihnen arbeiten, verbringe, die argumentative Politik ins Wanken bringt, selbst wenn ich ein Argument vorbringe. Sie werden sehen, dass der Zweck des ‚Argumentierens' nicht darin besteht, Recht zu haben, sondern Ressourcen anzubieten, die wir nutzen können, um die Welt auf alternative Weise zu metabolisieren und mit ihr zu leben. Auch wenn ich ein Argument vorbringe, möchte ich nicht unbedingt, dass Sie zustimmen. Das habe ich gelernt, indem ich Wissenschaftler*innen zugesehen habe, die Regenwürmern zugesehen haben. Sie haben mir geholfen zu erkennen, wie wir die gängige Politik überarbeiten können, weg von den Träumen über eine Einigung und näher hin zu den schmutzigen und chaotischen Abläufen des Komposts.

* Eine englische Version des Texts ist unter dem Titel „Earthly Togetherness. Making a Case for Living with Worms" erschienen in: *Somatosphere. Science, Medicine, and Anthropology*, 16.05.2016. https://somatosphere.com/2016/earthly-togetherness-making-a-case-for-living-with-worms.html (Zugriff am 07.12.2024).

1 Filippo Bertoni: *Living with Worms. On the Earthly Togetherness of Eating.* Dissertation, Amsterdam University 2016. https://pure.uva.nl/ws/files/2785217/170695_Bertoni_Dissertatie_Living_with_worms.pdf (Zugriff am 14.03.2025).

Das Zusammenleben stand im Mittelpunkt der euro-amerikanischen politischen Theorie: Von ihren mythischen griechischen Ursprüngen an wurde die Gesellschaft auf der Idee aufgebaut, dass Politik ein Weg ist, das soziale Leben zu organisieren. Der Naturzustand ist demnach Gewalt und Krieg, aber politische Strukturen und Institutionen bringen Ordnung in die Menschheit durch einen Gesellschaftsvertrag, der eine Vereinbarung zwischen den Mitgliedern der Gesellschaft festlegt. Die Politik dient dazu, zu regeln, was legitime Gewalt ist und welche Formen der Gewalt gegen den Gesellschaftsvertrag verstoßen.

Die Anthropologie hat diese Sichtweise verkompliziert: An anderer Stelle haben einige euro-amerikanische Anthropolog*innen darauf hingewiesen, dass Menschen an verschiedenen Orten unterschiedlich Politik betreiben. Das, was das Zusammenleben an Orten jenseits von Euro-Amerika ausmacht, bringt die euro-amerikanischen Kategorien durcheinander. Es stellt sich heraus, dass es bei der sozialen Organisation nicht nur um (euro-amerikanische) Vorstellungen von Übereinkünften und rationalen Diskussionen geht, sondern dass sie auch von anderen Bedeutungssystemen und anderen Vorstellungen über die Welt und den Kosmos geprägt ist.

In einem zweiten, damit zusammenhängenden Manöver blickten die euro-amerikanischen Anthropolog*innen nicht nach außen, sondern nach innen. Damit trugen sie dazu bei, Europa zu ‚provinzialisieren': Sie zeigten, dass das, was oft als ‚der Westen' zusammengefasst wird, nicht aus einem Guss ist. Selbst an den vertrautesten Orten wird bereits auf viele – oft überraschende – Arten Politik gemacht.

Es ist heute besonders wichtig, die überaus anerkannte euro-amerikanische Art, Politik zu machen, in Frage zu stellen, da die Begrenztheiten der etablierten westlichen Demokratien immer offensichtlicher werden – ihre Gewalt verwandelt sich in neuartige neoliberale Formen, die sich ausbreiten und den Planeten und seine ökologischen und geologischen Verstrickungen verschlingen. Wenn es uns bisher gelungen ist, die Augen vor den strukturellen Ungerechtigkeiten und Ungleichheiten der politischen Systeme zu verschließen, in denen wir leben, so haben sich diese nun zu weit ausgebreitet und schlagen durch planetare Kräfte auf uns zurück, wenn auch ungleich, so doch mit Wucht. In dem Maße, wie das Meer ansteigt und immer größere Landstriche überflutet, überwinden ökologische Verwerfungen mit Leichtigkeit die konzeptionellen Grenzen und kategorischen Barrikaden, die der Westen errichtet hat.

Das Politische, wie es in Euro-Amerika hergestellt und gehandelt wurde, beruhte darauf, sich zu einigen (und auf Krieg gegen diejenigen, die anderer Meinung waren). Aber diese Politik des Übereinkommens hat die Natur strukturell aus ihren Gleichungen ausgeschlossen. Man stellte sich diesen Bereich als kategorisch von der Politik getrennt vor, beherrscht von seinen eigenen ‚natürlichen' Gesetzen. Diese zu definieren, war keine politische Aufgabe, sondern ein wissenschaftliches Unternehmen. Sogar Anthropolog*innen haben sich schwergetan, diesen Dualismus zu überwinden: Wenn sie auf andere als ihre eigenen Arten, Politik zu machen, stießen, blieben sie meist auf ein euro-amerikanisches Verständnis des Menschen beschränkt, das an eine einheitliche Welt mit einer wahren Natur gebunden und angeblich weiterhin von Politik abgekoppelt war. Um die Auswirkungen einer solchen Entkopplung des Natürlichen vom Politischen zu beheben, haben viele Wissenschaftler*innen in den Sozialwissenschaften damit begonnen, neu darüber nachzudenken, was Natur ist und was eine Politik der Natur sein könnte.

In diesem Zusammenhang können die Würmer eine Hilfe sein. Sie waren bisher sicherlich nicht Gegenstand der politischen Theorie oder der Anthropologie. Und doch haben sie in den Naturwissenschaften, insbesondere im ökologischen Denken, eine entscheidende Rolle gespielt. Um dies zu erkennen, genügt es, sich daran zu erinnern, dass Charles Darwin selbst über vierzig Jahre seines Lebens dem Studium dieser wirbellosen Tiere gewidmet hat.

Die Ergebnisse dieser Studien veröffentlichte Darwin 1881 in seiner letzten Monografie, *The Formation of Vegetable Mould through the Action of Worms.*[2] Darin enträtselte er mit der ihm eigenen Akribie die entscheidende Rolle der Regenwürmer bei allen möglichen lebenswichtigen Prozessen in den Böden. Es überrascht nicht, dass er von vielen Medien seiner Zeit für seine Bemühungen um die Einführung dessen, was Kritiker als den ‚politischen Wurm' bezeichneten, verspottet wurde. Der alte Mann musste sich getäuscht haben, wenn er glaubte, dass Würmer soziale Wesen seien.

Und doch hat sich die zentrale Bedeutung der Regenwürmer für die Ökologie seit Darwins Zeiten nur noch verstärkt: Die Tätigkeit der

2 Charles Darwin: *The Formation of Vegetable Mould through the Action of Worms.* London: John Murray 1881.

Würmer schafft die Struktur unserer Böden und die für die Bodenfruchtbarkeit und das Pflanzenleben notwendigen Bedingungen. Der Biologe Scott Turner geht in seinem Buch *The Extended Organism* so weit zu zeigen, dass die Entwicklung einer Bodenschicht, die die Landmassen der Erde erfolgreich entwässert und bewässert, von der Physiologie der Würmer abhängt[3]: Ihre ursprüngliche Anpassung an das Leben im Wasser funktionierte schlecht, als sie sich an Land wagten, und zwang sie, ihre Umwelt zu verändern, um ihre schlecht angepassten Organe zu unterstützen.

Die zentrale Bedeutung der Würmer für die Ökologie beruht auch darauf, dass sie sich von organischem Material ernähren. Essen wurde jedoch von einer Philosophie, die von Freiheit, Heldentum und Denken besessen ist, oft marginalisiert (die Marginalisierung verläuft häufig entlang der gleichen Bruchlinie, welche die Natur von der Politik trennt). In meiner Arbeit mit Ökolog*innen wurde das Essen jedoch nicht marginalisiert, sondern war ein wichtiger Bestandteil der Theorien, die meine Informant*innen verwendeten. In den letzten zwei Jahrhunderten haben Ökolog*innen eine theoretische Sprache sowie praktische Messgeräte entwickelt, um sich mit einer Welt zu befassen, in der das Leben überall mit Fressen und Gefressenwerden beschäftigt ist. Sie begannen mit frühen Vereinfachungen einer Raubtier-Beute-Welt, aber ihre Modelle sind komplexer geworden, umfassen heute trophische Systeme und Netze – und sind von der wachsenden Rechenleistung abhängig.

Wissenschaftliche Beschreibungen und Messungen, wie sie in Ökologie-Lehrbüchern zu finden sind, bieten wichtige Möglichkeiten, die Welt zu imaginieren. Aber sie konzentrieren sich darauf, zu definieren, was Natur ist, getreu der konzeptionellen Arbeitsteilung zwischen Politik und Naturwissenschaften. In diesem Punkt unterscheidet sich meine Arbeit von derjenigen der Ökolog*innen: Auch ich interessierte mich für Würmer. Aber im Gegensatz zu den Wissenschaftler*innen, mit denen ich zusammenarbeitete, ging es mir nicht darum, Regenwürmer und ihre Aktivitäten zu messen und zu quantifizieren, sondern darum, wie Regenwürmer die Art und Weise, wie wir Politik machen, herausfordern können. Ich wollte von ihnen lernen, wie sie sich bereits

3 Scott Turner: *The Extended Organism. The Physiology of Animal-Built Structures.* Cambridge: Harvard UP 2002.

anders in der Politik engagieren, indem sie mit Wissenschaftler*innen und einer Vielzahl von unvergleichlichen und radikalen Anderen *zusammenleben*.

Während ich die Regenwürmer dabei beobachtete, wie sie Steine zerkauten und fruchtbare Böden ausschieden, war ich weniger daran interessiert, Definitionen über die Natur zu finden, als vielmehr an der Vielfalt der Praktiken des Zusammenlebens, denen ich begegnete. Die Praktiken des Zusammenlebens, auf die ich mich konzentrierte, waren diejenigen, die Regenwürmer mit Ökolog*innen, Naturwissenschaftler*innen, Taxonom*innen, Bodenwissenschaftler*innen und Ökotoxikolog*innen zusammenbrachten. Und während ich ihre Arbeit verfolgte, lernte ich, dass sie, so sehr ihr Beruf sie auch dazu zwingt, Natur zu definieren, dabei immer schon mit Würmern zusammenleben: Sie engagieren sich sozusagen im Regenwurm-Zusammensein. Aber die Art von Politik, die ich dort zu sehen begann, erwies sich nicht als exklusiv für die wissenschaftlichen Praktiken der Ökolog*innen. So begann ich auch selbst mit der Wurmkompostierung – der Wiederverwertung von Lebensmittelabfällen mit Hilfe von Würmern zur Herstellung von Kompost. Wie die Würmer in den Laboren und Sammlungen lehrten mich die Würmer in meiner Tonne etwas über das Zusammenleben, und zwar durch Essen und seine metabolischen Beziehungen.

Durch die alltäglichen, praktischen Tätigkeiten des Kompostierens lernte ich, dass sich zu einigen nicht notwendig ist, um Lebensmittelabfälle in Erde zu verwandeln. Beim Kompostieren geht es nicht wirklich um rationale Entscheidungen und demokratischen Konsens. Sicher, man kann eine Wahl treffen, wenn man will: Baue ich meinen eigenen Behälter oder kaufe ich einen? Füttere ich den Würmern Eierschalen oder Zeitungsschnipsel? Aber so sehr diese Entscheidungen als rational gerahmt werden können und für den Erfolg des Kompostierens sicher wichtig sind, wird Kompostieren doch nicht von ihnen gemacht. Stattdessen ist es das Essen, Zersetzen, Kompostieren und Verrotten, das in der Tonne stattfindet, welches das Zusammensein des Komposts ausmacht.

Entscheidend ist, dass es bei diesem Zusammensein nicht darum geht, einen Konsens über ein gemeinsames Gut zu finden, sondern um die Koexistenz vieler verschiedener Welten, die sich nicht nur einig sind, sondern auf unterschiedliche relationale Weise zusammenhalten und sich wieder trennen. In der Komposttonne ist nicht nur eine Art des

Essens relevant, sondern die komplexe Mischung mikrobieller Aktivitäten, die in den Eingeweiden der Würmer ablaufen, wie diese die molekularen Strukturen der in der Tonne gefundenen Verbindungen verändern, wie diese dann von Pflanzenwurzeln oder anderen Organismen aufgenommen werden und so weiter. Das bringt uns dazu, uns mit den vielen verschiedenen Arten zu beschäftigen, in denen wir Praktiken des Essens und des Gegessenwerdens kennenlernen und an ihnen teilhaben können.

Das Zusammenleben von Würmern kann euro-amerikanischen Sozialwissenschaftler*innen als Erinnerung daran dienen, dass es da draußen keine Richtlinien gibt, wie man gut zusammenlebt. Stattdessen verlangt Politik, wenn sie als Zusammenleben verstanden wird, nach behelfsmäßigen Arrangements, die sowohl radikal als auch spezifisch sind, sowie nach dem Experimentieren mit Alternativen. Selbst wenn Kompostieren durch bestimmte Standardprozeduren funktionieren kann, haben Kompostierungsleitfäden doch nie das letzte Wort, sondern schlagen vielmehr einige mögliche Alternativen zum Ausprobieren vor.

Die Art von Politik, welche die Beschäftigung mit dem Leben von Regenwürmern deutlich macht, ist also keine, in der ein Gemeinwohl angestrebt oder erreicht wird, sondern eher eine asymmetrische, die trotz der Asymmetrien reziprok und relational bleibt. Dies ist eine Politik, die sich nicht in einem Gemeingut auflöst, sondern im Zusammensein. Diese Politik steht in einem Spannungsverhältnis mit dem, was Bruno Latour fordert, wenn er argumentiert, dass wir „die Politik als die fortschreitende Komposition der guten gemeinsamen Welt neu definieren sollten“[4]. Der Weg, den Latour vorschlägt, ist heute ein zunehmend verbreiteter Weg, sich der Natur zu nähern. Akademiker*innen und Politiker*innen sagen uns gleichermaßen, dass wir die Natur in unser politisches System einbeziehen sollten, um unerwünschte, unkontrollierbare globale Kräfte zu bekämpfen. Durch diese Einbeziehung können wir dem Klimawandel und allen möglichen Umwelttransformationen begegnen.

4 "[...] the moment when you agree to redefine public life as the progressive composition of the common world.“ (Bruno Latour: *The Politics of Nature. How to Bring the Sciences into Democracy*, aus d. Franz. v. Catherine Porter. Cambridge / London: Harvard UP 2004, S. 222.)

Doch die vielfältigen und asymmetrischen ‚Zusammenleben', an denen Regenwürmer beteiligt sind, sind nicht von einer solchen Einigung abhängig. Zentral für das Zusammensein der Regenwürmer sind Unterschiede, die nichts sind, was einfach weggewischt oder gleichgeschaltet werden kann, sondern was geschätzt und beachtet werden sollte. Ein kurzes Beispiel von einem meiner Standorte soll dies verdeutlichen.

Eine der Wissenschaftlerinnen, mit denen ich zusammenarbeitete, interessierte sich für die Untersuchung der Auswirkungen von Regenwürmern auf Treibhausgase. In ihrer Arbeit zeigte sie, wie Regenwürmer zu Emissionen beitragen, indem sie die Zersetzung organischer Stoffe unterstützen, ein Phänomen, das sie als „global worming" bezeichnete.[5] Doch während ihre Arbeit darin bestand, Emissionen zu quantifizieren und nach statistisch überzeugenden Daten zu suchen, die dazu beitragen könnten, die Aufmerksamkeit der wissenschaftlichen und politischen Gemeinschaft auf diesen Effekt zu lenken, hörte sie dort nicht auf. Stattdessen arbeitete sie daran, die winzigen Kontingenzen der beteiligten Prozesse zu beschreiben: Bestimmte funktionelle Gruppen von Würmern sind wichtiger als andere; einige Klimazonen und landwirtschaftliche Praktiken sind anfälliger für die Stimulierung der negativen Auswirkungen von Würmern als andere; jahreszeitliche Dynamiken werden die Rolle der Regenwürmer in einigen Böden verändern; spezifische Details der Standards beim Düngemitteleinsatz, der Landwirtschaft, dem Umgang mit Pflanzen und der Landbewirtschaftung werden ebenfalls unterschiedliche Auswirkungen haben, und so weiter.

Diese Details sind die Unterschiede, die entscheidend für das Zusammensein sind, das uns Regenwürmer lehren können, und die wir meines Erachtens schätzen lernen müssen – eine Herausforderung in einer Zeit, die sich so sehr auf die Suche nach Allgemeinheiten statt nach Besonderheiten konzentriert. Auch für diese Wertschätzung von Unterschieden gibt es keine Richtlinien. Mehr zu studieren wird uns

5 Ingrid M. Lubbers / Kees Jan van Groeningen / Steven J. Fonte / Johan Six et al.: Greenhouse Gas Emissions from Soils Increased by Earthworms. In: *Nature Climate Change* 3 (2013), S. 187–194. Lubbers wird beispielsweise zitiert mit den Worten: „We need more experiments that include growing plants, as well as more long-term studies and more field studies before we can decide to what extent global worming leads to global warming." (UC Davies: Global Worming. Earthworms Add to Climate Change. In: *Phys.org*, 05.02.2013. https://phys.org/news/2013-02-global-worming-earthworms-climate.html (Zugriff am 07.12.2024).)

nicht sagen, wie wir das besser machen können – wie wir besser mit den Unterschieden umgehen können. Es wird uns wahrscheinlich helfen, verschiedene Aspekte auf andere, neuartige Weise zu verstehen, aber es wird uns nicht sagen, wie die Dinge ‚wirklich' sein sollten. Denn wie die Dinge sein sollten, ist etwas, das nicht ein für alle Mal geschieht, sondern an dem ständig experimentiert und herumgebastelt werden muss.

Immer und immer wieder.

Eine Science-Fiction-Referenz eignet sich gut, um dieses Argument abzuschließen: „The worm is the spice, the spice is the worm.", ein Zitat aus *Dune*, einer Verfilmung des Romans von Frank Herbert (1965) von 1984.[6] In der Welt, in der der Film spielt, sind riesige Sandwürmer auf dem Planeten Arrakis an der Biogeoökologie der Gewürzmischung beteiligt, die ausschließlich dort abgebaut wird. Die Kontrolle über das Gewürz bedeutet die Kontrolle über das Universum, da das Gewürz für die Raumfahrt unerlässlich ist. Das ökologische Verständnis von Verflechtungen, das zu diesem Zitat – und seinem gesamten fiktiven Universum – passt, ist die Art von Zusammensein, die ich vorschlage. Es handelt sich um ein Zusammensein, das nicht durch die Grenzen geschlossener Systeme und die Kategorien eingeschränkt wird, die Euro-Amerikaner*innen üblicherweise verwenden, um über die Welt nachzudenken. Es ist stattdessen ein Zusammensein, das durch die fantasievollen Möglichkeiten erweitert wird, die uns Würmer wie die Anthropologie bieten können.

Aus dem Englischen von Jessica Ullrich

6 *Dune* (US 1984, R: David Lynch).

Bodensensorien

Sound in the Ground

Subterrane Soundscapes und tierliche Klangkommunikation

Martin Ullrich

Klänge spielen eine wichtige Rolle für die Kommunikation vieler Tiere. Dabei können kommunikativ wirksame Klänge sowohl vokal als auch instrumental produziert werden, also entweder durch spezialisierte Stimmorgane oder durch Geräuschproduktion von Körperteilen, die auch noch andere physiologische Funktionen erfüllen. Ein Bespiel hierfür ist die Stridulation, das sound-emittierende Aneinanderreiben von Körperteilen bei bestimmten Insekten- und Spinnenarten.
Dieser in der Biologie etablierten Differenzierung zwischen Vokal- und Instrumentallauten steht im deutschsprachigen Diskurs der Gegenwart eine (allerdings bereits über Jahrhunderte etablierte) alltagssprachliche Ausdrucksweise gegenüber, die häufig, neben tatsächlichen Stimmklängen, auch Instrumentallaute als Gesang (oder im Falle kollektiver Klangerzeugung auch als Chor) bezeichnet. Neben der diffusen Grenze zwischen stimmlichen und nicht-stimmlichen Lauten verweist diese umgangssprachlich gebräuchliche Terminologie auch auf die Übergangsphänomene zwischen Kommunikation und Musik. Eine an tierlichen Klängen interessierte Musikforschung kommt daher nicht umhin, Aspekte der Kommunikation in ästhetisch orientierte Analysen einzubinden, ohne dabei in eine (musikgeschichtlich überholte) In-Eins-Setzung von Musik und Sprache zurückzufallen.

Luft – Wasser – Erde: Medien tierlicher Klangübertragung

In menschlichen Lebenswelten steht meist Luft als physikalisches Übertragungsmedium von Klangschwingungen im Zentrum der Aufmerksamkeit. Die Hörphysiologie von Menschen ist für die Wahrnehmung und Verarbeitung von Schallwellen, also Druckschwankungen, in der Erdatmosphäre evolutionär optimiert, und das gilt auch für die an den primären Sinnesreiz anschließenden perzeptiven und kognitiven Vorgänge, die insgesamt zum Phänomen des Hörens beitragen.

Insofern fällt Menschen die Wahrnehmung tierlicher Lautäußerungen, die sich in der Luft verbreiten, verhältnismäßig leicht – es sei denn, die Frequenzschwelle des menschlichen Hörsinnes wird über- oder unterschritten, wie das beispielsweise bei Mäusegesang (zu hoch)[1] und manchen Elefantenvokalisationen (zu tief)[2] der Fall ist. Abgesehen von diesen das menschliche Hörvermögen über- oder unterschreitenden Klängen, die sprachlich, mit einem gewissen Anthropozentrismus, als Ultraschall und Infraschall markiert werden, gehört eine Vielzahl von tierlichen Sounds zu menschlichen Lebenswelten, und viele dieser Klänge haben in unterschiedlichsten menschlichen Gemeinschaften eine starke kulturgeschichtliche Wirksamkeit entfaltet (als Beispiele können u. a. Vogelgesänge und Grillenzirpen gelten).

Zunehmend wird auch Wasser als bedeutsame tierliche Klang-Umwelt wahrgenommen. So hat die Etablierung der ozeanischen Bioakustik, ursprünglich ein ungeplanter Nebeneffekt des Kalten Kriegs, die Klangwelten und Musikkulturen zahlreicher Arte von Walen und Delfinen erschlossen und kann im Sinne der neuerdings entstandenen Blue Humanities theoretisch aus der Perspektive des kritischen Posthumanismus gerahmt werden.[3] Seit den 1970er Jahren ist auf diese Art und Weise z. B. der Gesang von Buckelwalen in den Musikdiskursen des globalen Nordens wirkmächtig geworden, sowohl im Bereich sogenannter Kunstmusik als auch in populären Musiken.

Am Boden zu horchen oder in die Erde hineinzuhören, ist, anders als in den Fällen von Luft und neuerdings auch Wasser, weit weniger im Sinne einer menschlichen kulturellen Praxis entfaltet. Das hat einen Grund sicherlich auch in der Tatsache, dass es sich, viel ausschließlicher als beim Hören in der Luft und auch noch eindeutiger als beim Hören im Wasser, für Menschen um ein technologisch gestütztes Hören handelt, das durch Kontaktmikrophone, Bodenbohrungen, Kopfhörer und

1 Vgl. Timothy E. Holy / Zhongsheng Guo: Ultrasonic Songs of Male Mice. In: *PLoS Biology* 3,12 (2005), e386. https://doi.org/10.1371/journal.pbio.0030386 (Zugriff am 09.11.2021).

2 Vgl. Katharine B. Payne / William R. Langbauer / Elizabeth M. Thomas: Infrasonic Calls of the Asian Elephant (Elephas maximus). In: *Behavioral Ecology and Sociobiology* 18,4 (1986), S. 297–301. https://doi.org/10.1007/BF00300007 (Zugriff am 01.02.2025).

3 Vgl. dazu Martin Ullrich: Ozean als *soundscape*. Musikforschung im Überschneidungsbereich von Blue Humanities und Human-Animal Studies. In: *Tierstudien* 23 (2023): Ozean, S. 40–49.

digitale Klangaufzeichnung und -übertragung überhaupt erst möglich wird. Für viele andere-als-menschliche Tiere ist aber die Schallübermittlung durch den Boden der bedeutendste, unter Umständen sogar der einzige Klangübertragungskanal.

Soundscape und Vibroscape

Aus bioakustischer Sicht handelt es sich bei tierlicher Klangkommunikation mittels des Bodens um einen spezifischen Fall von Vibrationskommunikation, bei der Schwingungen nicht durch die gasförmige Luft, sondern durch ein Substrat mit festem Aggregatzustand wandern. Ein solches Substrat kann neben der Erde beispielsweise auch eine von Insekten bewohnte Pflanze sein.[4] Im Zentrum sollen hier aber die am oder im Untergrund wahrnehmbaren akustischen Signale stehen, da sich in ihnen der naturwissenschaftlich gerahmte bioakustische Diskurs und ein von Donna Haraway und Bruno Latour informierter posthumanistischer Erdbegriff bündeln lassen.

Denn es würde zu kurz greifen, den Untergrund als bloßes Medium der Informationsübermittlung zu verstehen. Die Klanglandschaften (Soundscapes) von Tieren lassen sich, in unterschiedlichsten Lebensräumen, sowohl durch den Uexküll'schen Begriff der Umwelt[5] als auch durch die bioakustisch fundierte Soundscape Ecology erschließen.

Die Soundscape Ecology formierte sich zunächst in den 1970er Jahren als künstlerisch geprägtes Experimentierfeld rund um als ‚natürlich' verstandene Laute und ihre menschliche Rezeption. Protagonisten dieses neuen Ansatzes wie R. Murray Schafer, der den Begriff der Soundscape als Klanglandschaft entscheidend geprägt hat, und Barry Truax verwendeten auch den seinerzeit weitgehend synonym zu verstehenden Terminus Acoustic Ecology.[6] Im 21. Jahrhundert entwickelte

4 Vgl. z.B. Reginald B. Cocroft / Rafael L. Rodríguez: The Behavioral Ecology of Insect Vibrational Communication. In: *BioScience* 55,4 (2005), S. 323–334. https://doi.org/10.1641/0006-3568(2005)055[0323:TBEOIV]2.0.CO;2 (Zugriff am 31.10.2024).

5 Jakob von Uexküll: *Streifzüge durch die Umwelten von Tieren und Menschen. Bedeutungslehre.* Hamburg: Rowohlt 1956.

6 Vgl. R. Murray Schafer: *The Tuning of the World.* New York: Knopf 1977; Barry Truax: *The World Soundscape Project's Handbook for Acoustic Ecology.* Vancouver: A. R. C. 1978.

sich die Soundscape Ecology dann zu einem stark durch Bioakustik und biologische Ökologie geprägten Konzept weiter, in dessen Fokus vor allem die Wahrnehmung von ökologischen Zuständen und Veränderungen (einschließlich anthropogener Schädigungen) und die Messung von Biodiversität in spezifischen Lebensräumen gerückt ist.[7]

Die oben in Bezug auf kulturgeschichtliche Diskurse zu akustisch geprägten Mensch-Tier-Beziehungen dargestellte traditionelle Privilegierung von luftübertragenen Signalen, ergänzt durch jüngere Aufmerksamkeit für wasserbasierte Kommunikation, und die weitgehende Vernachlässigung von festen Substraten als Medium lässt sich bemerkenswerterweise auch in der noch jungen Disziplin der Soundscape Ecology konstatieren. So stellen Noori Choi, Pat Miller und Eileen A. Hebets 2024 fest:

> Thus far, advances in soundscape ecology have predominantly focused on the collection and classification of well-documented airborne sounds (but see [Gottesman et al. 2018] for freshwater soundscapes), and have overlooked the more common substrate-borne acoustical environment. Such a narrow focus greatly constrains our understanding of soundscape ecology, as it ignores the most diverse and representative species in a community.[8]

Ganz im Sinne dieses Nachholbedarfs haben 2019 Rok Šturm, Jernej Polajnar und Meta Virant-Doberlet vom inzwischen als eingeführt geltenden Soundscape-Begriff den Neologismus „Vibroscape" abgeleitet, auf den sich auch das oben angeführte Zitat bezieht.[9]

Im Sinne eines von Uexküll informierten Umwelt-Begriffs, der die Wechselwirkung zwischen tierlichen Individuen und ihrer Lebenswelt

7 Vgl. Bryan C. Pijanowski / Almo Farina / Stuart H. Gage / Sarah L. Dumyahn / Bernie L. Krause: What Is Soundscape Ecology? An Introduction and Overview of an Emerging New Science. In: *Landscape Ecology* 26,9 (2011), S. 1213–1232. https://doi.org/10.1007/s10980-011-9600-8 (Zugriff am 17.11.2023); Bryan C. Pijanowski / Luis J. Villanueva-Rivera / Sarah L. Dumyahn / Almo Farina / Bernie L. Krause / Brian M. Napoletano / Stuart H. Gage / Nadia Pieretti: Soundscape Ecology. The Science of Sound in the Landscape. In: *BioScience* 61,3 (2011), S. 203–216. https://doi.org/10.1525/bio.2011.61.3.6 (Zugriff am 17.11.2023).

8 Noori Choi / Pat Miller / Eileen A. Hebets: Vibroscape Analysis Reveals Acoustic Niche Overlap and Plastic Alteration of Vibratory Courtship Signals in Ground-Dwelling Wolf Spiders. In: *Communications Biology* 7,1 (2024), S. 1–13.

9 Vgl. Rok Šturm / Jernej Polajnar / Meta Virant-Doberlet: Practical Issues in Studying Natural Vibroscape and Biotic Noise. In: Peggy S.M. Hill / Reinhard Lakes-Harlan / Valerio Mazzoni / Peter Narins / Meta Virant-Doberlet / Andreas Wessel (Hrsg.): *Biotremology. Studying Vibrational Behavior.* Cham: Springer 2019, S. 125–148.

nicht im Sinne einer Figur-Hintergrund-Beziehung vereinfacht, sondern als konstitutive gegenseitige Abhängigkeit begreift, meint (hier, wie ausgeführt, vor allem auf den Boden bezogene) Vibroscape also: Für diejenigen Tiere, deren Klanglandschaften durch subterrane Anteile bereichert werden oder die sogar komplett im Untergrund situiert sind, ist der Boden konstitutives Element in einem komplexen akustischen Akteur-Netzwerk.

Klangforschung und Biodiversität

Gleichzeitig kann die Soundscape/Vibroscape von Böden ein wichtiger Indikator für die Biodiversität und Belebtheit, aber auch die ökologische Schädigung von Böden sein. Diesbezügliche Ansätze aus der luft- und wasserbezogenen Soundscape Ecology lassen sich ohne Weiteres auf die Ökologie des Untergrunds übertragen. Diese Beobachtung hat in jüngster Zeit neben wissenschaftlicher Forschung auch künstlerische Zugänge zu den Klängen im Boden und ihrer Bedeutung für bodenbewohnende Organismen eröffnet. Exemplarisch sei diesbezüglich das Projekt *Sounding Soil* genannt, bei dem der Klangkünstler und Musiker Marcus Maeder mit einem interdisziplinären Team zusammenarbeitet. Ganz ausdrücklich ist es ein Ziel des 2018 erstmals öffentlich präsentierten und derzeit immer noch laufenden Projekts, „dem Boden eine Stimme" zu geben.[10] Neben dem Begriff der Stimme, der gerade im Zusammenhang mit nichtmenschlichen Tieren stets die in Spannung zueinander befindlichen diskursiven Ebenen von Vokalklang, semantischer Kommunikation, aber auch politischer Teilhabe mitschwingen lässt, findet sich in der öffentlichen Kommunikation des Projekts auch ein noch eindeutiger musikalisiertes Sprechen über die Soil-Soundscape („Das Orchester der Bodentiere").[11] Hier liegt die Assoziation zum Titel eines bekannten Buchs des Klangforschers und Protagonisten der Soundscape Ecology Bernie Krause nahe, *Das große Orchester der Tiere*[12], wobei der Einbezug der Bodentiere durch *Sounding Soil* im Feld der künstlerisch basierten Forschung in ähnlicher

10 *Sounding Soil*, o. D. https://www.soundingsoil.ch (Zugriff am 01.02.2025).

11 Faszination Boden. In: *Sounding Soil*, o. D. https://www.soundingsoil.ch/wissen/ (Zugriff am 01.02.2025).

12 Bernie Krause: *Das große Orchester der Tiere. Vom Ursprung der Musik in der Natur*, aus d. Engl. v. Gabriele Gockel / Sonja Schuhmacher. München: Kunstmann 2013.

Weise gegen den unbewussten Bias zugunsten von Luft- und Wasserakustik arbeitet, wie das die oben angeführten Publikationen im wissenschaftlichen Bereich tun.
Dabei scheint es charakteristisch für die innovative Beschäftigung mit den Soundscapes/Vibroscapes von Bodentieren zu sein, dass sich künstlerische und wissenschaftliche Zugänge und Methoden gar nicht trennscharf voneinander abgrenzen lassen. Bestandteil und Dokumentation von *Sounding Soil* sind Ausstellungen und Präsentationen für eine allgemeine Öffentlichkeit (die erste Ausstellung fand 2018 im Zentrum Paul Klee in Bern statt) ebenso wie die Möglichkeit für interessierte Menschen, sich tragbare Aufnahmegeräte (einschließlich Bodenmikrofon) auszuleihen, um die Soundbibliothek des Projekts zu erweitern, wie auch die Publikation von wissenschaftlichen Artikeln in Fachzeitschriften.[13] Im Sinne dieser Engführung von Wissenschaftskommunikation, Kunstausstellung, wissenschaftlicher und künstlerischer Forschung ist Marcus Maeder sowohl als Künstler wie auch als Co-Autor von wissenschaftlichen Artikeln in das Projekt eingebunden, und Feststellungen wie die folgende scheinen für künstlerische Zugänge, wissenschaftliche Fragestellungen und alltagsweltliche Erfahrungen gleichzeitig Gültigkeit zu haben:

> There seems to be a basic perception problem regarding these environmental issues; the pedosphere and its functions or state of health cannot easily or instantly be translated into a sensual experience. […] For the most part, the ground beneath our feet is not an object of our observation or contemplation; it is just there, and because it eludes our direct perception, we treat it like some dead mass. Therefore, increasing awareness of soil ecosystems is crucial.[14]

Böden sind in den letzten Jahren, im Sinne einer solchen „increasing awareness“, Gegenstand von kulturwissenschaftlichen Untersuchungen geworden, wie die Titel einschlägiger Sammelbände (*Soil and*

13 Vgl. Marcus Maeder / Martin M. Gossner / Armin Keller / Martin Neukom: Sounding Soil. An Acoustic, Ecological Artistic Investigation of Soil Life. In: *Soundscape. The Journal of Acoustic Ecology* 18 (2019), S. 5–14; Marcus Maeder / Xianda Guo / Felix Neff / Doris Schneider Mathis / Martin M. Gossner: Temporal and Spatial Dynamics in Soil Acoustics and Their Relation to Soil Animal Diversity. In: *PLoS ONE* 17,3 (2022), e0263618. https://doi.org/10.1371/journal.pone.0263618 (Zugriff am 31.10.2024).

14 Maeder / Gossner / Keller / Neukom: Sounding Soil, S. 5–6.

Culture, Cultural Understanding of Soils)[15] zeigen. Der über den Hörsinn eröffnete Zugang zur Soundscape/Vibroscape der Bodentiere fehlt aber interessanterweise in diesen multidisziplinären Publikationen. Das erscheint um so bemerkenswerter, als sich das Hören für die (nicht invasive) Erforschung des dem Sehsinn weitgehend verborgenen Bodens besonders gut eignet, wie Maeder et al. herausstellen: „Soils mostly present themselves to us as a diverse surface while the interior remains hidden. We cannot see the manifold organisms and life processes present in soils, but we may hear them if we listen closely."[16] So erweist sich der auditive Zugang zum Boden als naheliegend und gleichwohl bislang sensuell oft vernachlässigt.

Zukunftsmusik? Boden als Gegenstand der Ecomusicology

Vor diesem Hintergrund verwundert es nicht, dass die westliche Musikgeschichte nur selten Berührungspunkte zum Lebensraum Boden und seinen tierlichen Bewohner*innen aufweist. Hier sei markiert, dass die vorliegenden Überlegungen sich auf die Musiken und kulturellen Praktiken des globalen Nordens beziehen und kritisch reflektieren wollen, welche Leerstellen sich dabei in Bezug auf den Untergrund und seine nichtmenschlichen Gemeinschaften auftun; indigene Umgangsweisen mit den Soundscapes des Bodens sind ausdrücklich nicht Gegenstand dieser Kritik. Für die sogenannte Kunstmusik europäisch-nordamerikanischer Prägung lässt sich jedenfalls konstatieren: Selbst dort, wo ein Werktitel, wie z. B. im Fall von Gustav Mahlers *Das Lied von der Erde*, auf eine Befassung mit dem Boden hinzuweisen scheint, liegt meist ein metaphorisches Sprechen zugrunde, das die Anthropozentrik einer europäischen Appropriation chinesischer Lyrik nicht nur oder wenig relativiert.[17] Für die westliche (vor allem die anglophone)

15 Edward R. Landa / Christian Feller (Hrsg.): *Soil and Culture*. Dordrecht / Heidelberg / London / New York: Springer 2009; Nikola Patzel / Sabine Grunwald / Eric C. Brevik / Christian Feller: *Cultural Understanding of Soils. The Importance of Cultural Diversity and of the Inner World*. Cham: Springer 2023.

16 Maeder / Gossner / Keller / Neukom: Sounding Soil, S. 5.

17 Die intertextuelle Geschichte von *Das Lied von der Erde* ist kompliziert: Mahler hat eine deutsche Umdichtung einer deutschen Übersetzung zweier französischer Übersetzungen von chinesischen Gedichten ergänzt und dann vertont. Aus der umfangreichen Literatur zur Textgenese des Werks vgl. beispielhaft Fusako Hamao: The Sources of the Texts in Mahler's „Lied von der Erde". In: *19th-Century Music* 19,1 (1995), S. 83–95. https://doi.org/10.2307/746721 (Zugriff am 01.02.2025).

populäre Musik des 20. und frühen 21. Jahrhunderts haben Gian Franco Capra, Antonio Ganga und Allan F. Moore den Versuch unternommen, bodenbezogene Songs zu sammeln und zu analysieren.[18] Die beachtliche Zahl und Bandbreite der von ihnen ausgewählten Musikstücke erklärt sich aber vor allem dadurch, dass auch in diesem Fall das metaphorische (und anthropozentrische) Sprechen über Boden im Zentrum der Untersuchung steht. Die Autoren zeigen den Bezug ihrer typologischen Analyse zur Ecomusicology auf, die sich im 21. Jahrhundert im Gefolge des literaturwissenschaftlichen Ecocriticism als neue und innovationsträchtige Subdisziplin der Musikforschung entwickelt hat.[19] Zweifelsohne hat die Ecomusicology das Potenzial, musikwissenschaftliche Erkenntnisse zum interdisziplinären Diskurs über den Sound des Bodens und der bodenbewohnenden Tiere beizutragen. Idealerweise gelänge es einer solchen ‚Ecomusicology of Soil', die Soundscapes von bodenbewohnenden Tieren im Rahmen einer von Bruno Latour und Donna Haraway informierten, mehr-als-menschlichen Musikwissenschaft theoretisch einzuordnen und analytisch zu erschließen. Donna Haraway hat vorgeschlagen, das Anthropozän in Chthuluzän umzubenennen, nicht zuletzt, um die Bedeutung der erdgebundenen, chthonischen Wesen und ihrer Relationen hervorzuheben.[20] Ganz in diesem Sinne hat Philippe Descola daran erinnert, dass *soil* (über das lateinische *humus*) und *human* etymologisch auf die gleiche indoeuropäische Wurzel zurückzuführen sind, die „Erde" bedeutet.[21]

18 Gian Franco Capra / Antonio Ganga / Allan F. Moore: Songs for Our Soils. How Soil Themes Have Been Represented in Popular Song. In: *Soil Science and Plant Nutrition* 63,5 (2017), S. 517–525. https://doi.org/10.1080/00380768.2017.1369860 (Zugriff am 31.10.2024).

19 Zwei frühe Ausprägungen des noch jungen Konzepts der Ecomusicology finden sich hier: Alexander Rehding: Eco-Musicology. In: *Journal of the Royal Musical Association* 127,2 (2002), S. 305–320; Aaron S. Allen: Ecomusicology. Ecocriticism and Musicology. In: *Journal of the American Musicological Society* 64,2 (2011), S. 391–394.

20 Donna J. Haraway: *Staying with the Trouble. Making Kin in the Chthulucene*. Durham: Duke UP 2016 / dt.: *Unruhig bleiben. Die Verwandtschaft der Arten im Chthuluzän*, aus d. amerik. Engl. v. Karin Harrasser. Frankfurt am Main / New York: Campus 2018.

21 Vgl. Philippe Descola: Preface. In: Landa / Feller (Hrsg.): *Soil and Culture*, S. xiii–xv, hier S. xv.

Bislang sind es, wie die obigen Ausführungen zeigen möchten, vor allem künstlerische Interventionen, die eher als Klangkunst denn als Musik gerahmt werden, welche sich in ästhetischer und reflexiver Weise mit der auditorischen Dimension der, nach Latour, „Critical Zone"[22] des Bodens und seiner tierlichen Kollektive befassen. Neben Arbeiten Marcus Maeders wären hier zum Beispiel installative Projekte wie *Under my Feet and Inside my Head* von Lauren Ruiz (2022) und *Music for Worms and Compost* (2007) von Paul Dickinson zu nennen.[23] Beide Arbeiten bedienen sich, hier Marcus Maeders Ansatz vergleichbar, der Zusammenarbeit mit erdbewohnenden Tieren (in diesen beiden Konstellationen werden vor allem Würmer explizit ausgestellt). Im Unterschied zu Maeder werden bei Ruiz und Dickinson artifizielle Mini-Bodenbiotope in den White Cube der Kunstgalerie versetzt, um die Sounds der Würmer für ein menschliches Publikum per Kontaktmikrophon und Kopfhörer bzw. Lautsprecher live hörbar zu machen. Dagegen sucht *Sounding Soil* die Lebensräume (die aber auch menschengemacht sein können, wie z. B. Hochbeete) am vorhandenen Ort auf und verweist durch das nachträgliche, also asynchrone Hörbarmachen eher auf das Konzept von kontemplativ rezipierbaren Klangarchiven als auf eine direkte Interaktion von Menschen und Bodentieren, wie sie Paul Dickinson ausdrücklich einschließt.

Was noch auszustehen scheint, ist eine musikalische Auseinandersetzung mit Böden, Bodentieren und Haraways umfassend theoretisierender Konzeption von Kompost im Bezugsrahmen der westlichen Kunstmusik – auch Theo Rekelhofs *Soil Symphony* (seit 2021) erweist sich, trotz ihres Titels, keineswegs als ein performatives Orchesterwerk für den Konzertsaal, sondern als ein ironisches Spiel eines umweltaktivistischen Klangkünstlers mit auf hängenbleibenden Schallplatten gepressten Versatzstücken der europäischen sinfonischen Tradition und ihrer Rekontextualisierung als kritische Klanginstallation zum

22 Vgl. Bruno Latour / Peter Weibel (Hrsg.): *Critical Zones. The Science and Politics of Landing on Earth.* Cambridge: MIT Press 2020.

23 Vgl. Under my Feet and Inside my Head. In: *Lauren Ruiz Art*, o. D. https://www.laurenruizart.com/under-my-feet.html; Paul Dickinson: Music for Worms and Compost. In: *Bandcamp*, 13.01.2007. https://pauldickinson.bandcamp.com/album/music-for-worms-and-compost (Zugriffe am 01.02.2025); für den Hinweis auf die beiden Installationen danke ich Jessica Ullrich.

Thema Monokultur und Bodendestruktion.[24] Wie im Kontext der musikalischen Performance eine Sinfonie des Bodens, ein Lied von der Erde angesichts der „Verwandtschaft der Arten im Chthuluzän“[25] klingen könnte, bleibt noch abzuwarten.

24 Soil Symphony. In: *Theo Rekelhof*, o. D. https://www.theorekelhof.com/soil-symphony (Zugriff am 01.02.2025).
25 Haraway: *Unruhig bleiben*.

Erdklänge und Antibiotikagerüche des Bodens erlebbar machen

Ästhetiken terrestrischen Werdens

Julia Katharina Thiemann

All that you touch
You Change.
All that you Change
Changes you.[1]

Auf die Erde erfolgt die menschliche Sicht üblicherweise von oben herab. Das Leben innerhalb dessen, was wir recht pauschalisierend als ‚Erdreich' bezeichnen, wird im Alltag kaum bis gar nicht wahrgenommen. Vielmehr wird ‚Erde' von zahlreichen Menschen mit Dreck gleichgesetzt und scheint eine trockene, nahezu leblose Substanz zu sein, die man bedenkenlos benutzen und ausbeuten kann.[2] Zugleich ist der Boden, auf dem wir leben, geopolitisch in territorialem Denken als sogenannte Heimat besetzt. Doch wessen Heimstatt ist das Erdreich?

Bei Betrachtung der Erde gleitet der Blick zumeist an der Oberfläche entlang, nur selten dringen wir im Alltag in Erdschichten vor. Die Erde wird für menschliche Bedürfnisse genutzt, oftmals bebaut, betoniert und versiegelt oder manchmal auch bepflanzt. Auch wenn bereits Charles Darwin (1809–1882) in seiner Abhandlung *The Formation of Vegetable Mould through the Action of Worms, with Observations on Their Habits* aus dem Jahr 1881 die Wechselwirkungen zwischen Bodenbeschaffenheit und der regen Tätigkeit von Regenwürmern untersuchte,[3] so scheint die Erkenntnis, wie stark wir von der Erde, auf der wir leben, und insbesondere von den Bewohner*innen des

1 Octavia E. Butler: *Parable of the Sower.* New York: Four Walls Eight Windows 1993, S. 3.

2 Vgl. Monika Wagner: *Das Material in der Kunst. Eine andere Geschichte der Moderne.* München: Beck 2001.

3 Charles Darwin: *The Formation of Vegetable Mould through the Action of Worms, with Observations on their Habits.* London: John Murray 1881.

Erdreichs abhängig sind, noch immer nicht breitenwirksam wahrgenommen zu werden.

Erdiger *Blind Spot*

Dabei ist das vielfältige Leben im Boden schnell mit kleinen, gezielten Alltagshandlungen erlebbar – zumindest auf der Ebene der für das humane Spektrum sichtbaren Lebensformen. Bricht man die Erdoberfläche ein Stück weit auf, so offenbaren unterschiedliche Böden Tiere, die sich meist schnell wegbewegen, aber auch verschiedene Farben, Texturen und Strukturen dessen, was wir allumfassend als ‚Erde' bezeichnen. Für das bloße menschliche Auge werden schnell unterschiedlich gefärbte Erdschichten, aber oftmals auch die von Darwin geschätzten Regenwürmer, wie auch Käfer, Fliegen, Larven, vielleicht eine Maus und mit viel Glück sogar ein Maulwurf und noch unzählige weitere Lebensformen sichtbar. Doch ein bedeutender Großteil des Lebens in der Erde bleibt dem menschlichen Auge verborgen und offenbart sich erst auf mikroskopischer Ebene.

Unzählige Mikroorganismen lieben die Dunkelheit, was eine gewisse Blindheit ihnen gegenüber vielleicht teilweise erklärbar macht. Zugleich resultiert hieraus auch eine Unterrepräsentation von Erdlingen u. a. in künstlerischen Arbeiten, was sich in den letzten Jahren mit einem zunehmenden Bewusstsein für ökologische Zusammenhänge und mit den anthropogenen Veränderungen der Lebensbedingungen auf und mit dieser Erde langsam im Wandel befindet.[4]

Mykorrhiza-Netzwerke

Die Beschäftigung mit Pilzstrukturen ist seit einiger Zeit zunehmend virulent.[5] So macht u. a. die niederländische Künstlerin Suzette Bousema Myzel-Strukturen – symbiotische Verbindungen von Pflanzenwurzeln, verschiedenen Pilzarten und Mikroorganismen – mithilfe

4 Vgl. u. a. Ausstellungen wie *SOIL. The World at Our Feet* in Somerset House, London 2025, oder *Critical Zones. Horizonte einer neuen Erdpolitik* im ZKM Zentrum für Kunst und Medien Karlsruhe 2020–2022.

5 Vgl. u. a. Anna Lowenhaupt Tsing: *Der Pilz am Ende der Welt. Über das Leben in den Ruinen des Kapitalismus*, aus d. Engl. v. Dirk Höfer. Berlin: Matthes & Seitz 2018; Merlin Sheldrake: *Verwobenes Leben. Wie Pilze unsere Welt formen und unsere Zukunft beeinflussen*, aus d. Engl. v. Sebastian Vogel. Berlin: Ullstein 2020.

mikroskopischer Aufnahmen in ihrer Form und Farbigkeit in Fotografien sichtbar. Schon Charles Darwin betonte in seiner „root brain theory“[6] bereits früh die Ähnlichkeit der Fähigkeiten von Wurzelspitzen und menschlichen Gehirnen. Seitdem werden die Netzwerke des Austauschs von Informationen und verschiedenen Stoffen zwischen Wurzeln, Pilzen und Mikroorganismen im Boden von Biolog*innen und neuerdings Neurobiolog*innen untersucht. Sie erforschen u. a., wie Pflanzen und Pilze über ihre Mykorrhiza-Netzwerke sowohl verschiedene Stoffe als auch Informationen austauschen, sodass einige Forscher*innen von einem „Wood Wide Web“ sprechen, einem Netzwerk der Information und des Austauschs, das u. a. mithilfe von Myzelstrukturen funktioniert.[7]

Der italienische Biologe Stefano Mancuso beschreibt die Kommunikationsstrukturen u. a. von Wurzeln mit weiteren Organismen in der Rhizosphäre, dem Raum der Erde, der unmittelbar von einer Wurzel geprägt wird, folgendermaßen:

> Wurzeln kommunizieren offensichtlich nicht nur mit Pflanzen, sondern mit allen Organismen in der sogenannten ‚Rhizosphäre‘ […], das heißt, in dem sie umgebenden Erdreich, das die unterschiedlichsten Lebensformen beherbergt. Das Erdreich ist nämlich, anders als viele meinen, kein langweiliges Substrat, sondern höchst lebendig und dicht bevölkert. Mikroorganismen, Bakterien, Pilze und Insekten leben dort in einer ökologischen Nische, deren Gleichgewicht durch die Kommunikation und Kooperation mit den Pflanzen gewährleistet wird.[8]

Soil Care Network

Über eine klassische wissenschaftliche Erforschung hinausgehend, gründete die Umwelt-Sozialwissenschaftlerin Anna Krzywoszynska ein Soil Care Network[9], um den Erdverflechtungen sowie Mensch-Erd-Beziehungen gemeinsam mit Gleichgesinnten nachzugehen. Hierbei betont sie die Relationalität der Erde mit ihrer Umgebung:

6 Charles Darwin: *The Power of Movement in Plants* [1880]. Glasgow: Good Press 2022.

7 Vgl. u. a. Vincent S. F. T. Merckx / Sofia I. F. Gomes / Deyi Wang et al.: Mycoheterotrophy in the Wood-Wide Web. In: *Nature Plants* 10 (2024), S. 710–718.

8 Stefano Mancuso / Alessandra Viola: *Die Intelligenz der Pflanzen*, aus d. Ital. v. Christine Ammann. München: Kunstmann 2015, S. 95.

9 Vgl. *Soil Care Network*, o. D. https://www.soilcarenetwork.com (Zugriff am 01.08.2024).

> Separating soils from their environments is impossible without simultaneously destroying the very things which make them more than just piles of dirt. It is the relationality, the connections, the exchanges, the processes, which make them a functioning element of the larger life sphere of the Critical Zone.[10]

Gerade die Verwurzelungen, die engen Verflechtungen im Erdreich mit ihren permanenten Austausch- und Kommunikationsprozessen prägen das Sorge-Netzwerk der Erdlinge.

Erdgebundene Superorganismen sicht- und riechbar machen

Für derartige lebensnotwendige Verflechtungen aller Lebensformen in geteilten Ökosystemen, deren Teil nicht zuletzt auch Menschen sind, versucht die Künstlerin Suzette Bousema mit ihrem Werkzyklus *Super Organism* (seit 2020) Aufmerksamkeit zu generieren und dabei über menschenzentrierte Wahrnehmungsmuster hinauszugehen.[11] In ihren Fotografien macht sie farbige Mikroskopaufnahmen in speziellen Ausschnitten und variierenden Zoom-Ebenen sichtbar. Insbesondere die Farbigkeit der feingliedrigen Strukturen mag dabei überraschen, bedenkt man gängige Darstellungen von Erdreich und dem Leben darin in üblicherweise braunen Farbtönen. In Suzette Bousemas Fotografien der Werkserie *Super Organism* (seit 2020) können dagegen die mehrfarbigen Strukturen von Ektomykorrhiza-Pilzen ebenso studiert werden wie ihre Formen, beispielsweise in einer Nahaufnahme eines Wurzelausschnitts mit arbuskulären Mykorrhizaepilzfäden mit Sporen. (Abb. 1)

Die Verwobenheit der Stoffwechselprozesse zwischen Pflanzenwurzeln und in sie eindringenden oder sich um sie herumlegenden Pilzstrukturen findet einen speziellen ästhetischen Ausdruck bei Bousema zudem in einer langen Tapisserie, die auf Mikroskopaufnahmen in blauer Färbung des Wissenschaftlers Chenguang Gao beruht. Auf einer Länge von knapp fünf Metern stellen die in unterschiedlichen Intervallen verwobenen Leinen- und Baumwollfäden in Blautönen einen kleinen

10 Anna Krzywoszynska: Soil Care Network. Caring for Soil as Building Relations. In: Bruno Latour / Peter Weibel (Hrsg.): *Critical Zones. The Science and Politics of Landing on Earth.* Ausstellungskatalog ZKM Zentrum für Kunst und Medien Karlsruhe. Cambridge: MIT Press 2020, S. 372–373, hier S. 372.

11 Gezeigt wurde Suzette Bousemas Werkzyklus u. a. in der Gruppenausstellung *The Senses of Plants*, Villa Merkel – Galerie der Stadt Esslingen, 03.03.–02.06.2024, kuratiert von der Autorin dieses Essays.

Abb. 1: Suzette Bousema: *Super Organism*, 2020, Fotografien, gebranntes Holz, je 100 x 77 cm.

Ausschnitt eines Wurzelgeflechts mit Pilzsporen dar und spiegeln dabei die lebensnotwendige Verwobenheit auch auf materialästhetischer Ebene innerhalb des textilen Webprozesses wider. (Abb. 2)
Doch Suzette Bousema macht Mykorrhiza-Netzwerke in ihrer Feinheit nicht nur mit nahezu haptisch wirkenden Effekten sichtbar, sondern kreierte zusammen mit der Designerin und Parfümeurin Merle Bergers darüber hinaus einen Duft, der die Symbiose aus Pilz und Pflanze olfaktorisch transportieren soll. Zudem schuf sie gemeinsam mit der Komponistin und Performerin für experimentelle Musik Rafaele Andrade ein hybrides Instrument, das eine passende Klanglandschaft generiert.[12] Das hierfür neu konstruierte Saiteninstrument, dem sie den Namen KNURL gaben, ist dabei – von der Elektronik abgesehen – vollkommen kompostierbar und kann so in den Erdkreislauf wieder eingehen, sollte es nicht mehr benutzt werden. Mehrere Sinne adressierend, wird hier mit technischen, biochemischen und musikalischen Hilfsmitteln den Bewohner*innen der Erde mit ihren Verflechtungen nachgespürt und dabei werden ihre Strukturen und Vernetzungen in ästhetische Formen transformiert, die den Rezipient*innen das Erdreich auf neue Weise erfahrbar machen sollen.

12 Ausschnitte der Soundscapes können über die Webseite Bandcamp gehört werden: Rafaele Andrade. In: *Bandcamp*, o. D. https://rafaeleandrade.bandcamp.com/album/super-organism (Zugriff am 01.10.2024).

Abb. 2
Suzette Bousema:
Super Organism, 2021,
Leinen, Baumwolle,
477 x 170 cm.

Multisensuelle Ansätze korrespondieren dabei nicht zufällig mit den oftmals lichtscheuen Wesen in der Erde oder auch Prozessen des Austauschs auf mikrochemischen Ebenen, die dem menschlichen Bewusstsein im Alltag zumeist entgehen. Der in westlichen Gesellschaften übliche Primat des Visuellen greift bei der Betrachtung von Erdlingen nicht per se, stattdessen müssen die teils mikroskopisch kleinen Lebensformen erst einmal für menschliche Wahrnehmungsapparate sicht- oder erlebbar gemacht werden. Die hier betrachteten künstlerischen Positionen wurden ausgewählt, da ihre Arbeitsweisen über reine Illustration hinausgehen und grundlegende Reflektionen der Darbringungsweisen thematischer Zusammenhänge in künstlerischer Form anzuregen imstande sind. Zudem spiegeln die multisensorisch angelegten Ansätze dieser Arbeiten, die traditionelle künstlerische Darbringungstechniken erweitern, den Versuch, diesen vielfältigen Lebensformen, Austauschprozessen und Metabolismen ästhetisch gerecht zu werden, was ebenfalls ein Auswahlkriterium der Betrachtung dieser Arbeiten darstellt.

Terrestrisches Werden

So wie die Kombination verschiedener Wahrnehmungsebenen für ein Begreifen der Erdlings-Vernetzungen und ihrer Verbindungen mit uns notwendig erscheint, so verfolgen auch Theoretiker*innen, wie beispielsweise der französische Soziologe und Philosoph Bruno Latour, ein vernetztes, alternatives Denken. Nicht zufällig forderte Latour ein neues Verhältnis zur Erde und sprach u. a. von der Notwendigkeit eines ‚terrestrischen Werdens' in seinem *Terrestrischen Manifest* aus dem Jahr 2018.[13] In der hierin ausgeführten Metapher, dass der Mensch im Anthropozän den Boden unter den Füßen verloren habe, steckt bei Latour u. a. eine Aufwertung und Betonung des Lokalen innerhalb von globalen Perspektiven. Die Erde selbst wird zu einem politischen Akteur in Latours Akteur-Netzwerk-Theorie.[14] Doch wie können wir im Sinne Latours zu einem ‚erdhaften' Denken und Handeln gelangen?

Wie ein neues, terrestrisches Denken oder Werden als Neuorientierung des Verhältnisses der Menschen zur Erde aussehen könnte, imaginieren insbesondere zeitgenössische Vertreter*innen der *Bio Art* auf eindrückliche Weise. Der Suche nach adäquaten Darbringungsweisen nicht nur der Darstellung, sondern auch der narrativen Aufarbeitung und Vermittlung teils hochkomplexer Themenbereiche in einer ästhetisch eigenständigen Form widmen sich beispielsweise die Arbeiten der slowenischen Künstlerin Saša Spačal, die wie die Arbeiten von Suzette Bousema Aspekte der verwobenen Zusammenhänge des Lebens in und auf dem Erdreich sicht- und hörbar machen sowie teilweise olfaktorisch erkunden. Dabei beschäftigt sich Saša Spačal bereits innerhalb mehrerer Werkzyklen ihres bisherigen Œuvres mit Böden und ihren Bewohner*innen.

Saša Spačals *Terra Xenobiotica*

In ihrer Ausstellung *Terra Xenobiotica* (2023) im Art Laboratory Berlin[15] fokussierte die Künstlerin den menschlichen Umgang mit dem

13 Vgl. Bruno Latour: *Das terrestrische Manifest*, aus d. Franz. v. Bernd Schwibs. Berlin: Suhrkamp 2018.

14 Vgl. Bruno Latour: *Eine neue Soziologie für eine neue Gesellschaft. Einführung in die Akteur-Netzwerk-Theorie*, aus d. Engl. v. Gustav Roßler. Berlin: Suhrkamp 2010; ders.: *Das terrestrische Manifest*.

15 Saša Spačals Ausstellung *Terra Xenobiotica* wurde im Art Laboratory Berlin gezeigt, 11.11.2023–04.02.2024, kuratiert von Regine Rapp und Christian de Lutz.

Boden, auf dessen Fruchtbarkeit wir angewiesen sind, deren Beschaffenheit wir aber nicht nur in Industriezonen belasten, sondern auch in Kommunikations- und Transportgebieten. So erforschte sie Böden an Flughäfen, wo Giftstoffe versickern, die die Ökosysteme im Erdreich verändern. Bereits der Titel der Arbeit, *Terra Xenobiotica*, ist vielsagend. Als Xenobiotikum wird eine chemische Verbindung bezeichnet, die dem biologischen System eines Organismus oder eines Ökosystems fremd ist und dementsprechend einen Eingriff von außen in natürliche Systeme darstellt. Gängige Xenobiotika für Menschen sind beispielsweise Substanzen, die der eigene Stoffwechsel nicht herstellen kann und die daher als Medikament zugeführt werden, um bestimmte Wirkungen zu erzielen.[16]

Saša Spačals Arbeit *Eternity Scanner* (2023) innerhalb dieser Ausstellung ist in Austausch mit dem Rillig Lab, dem von Matthias Rillig geführten Labor für Pflanzenökologie an der Freien Universität Berlin,[17] entstanden und erforscht, wie Schadstoffe, insbesondere per- und polyfluorierte Alkylverbindungen (abgekürzt PFAS), in die Böden von Flughäfen eindringen und diese unwiederbringlich verändern. Hierfür erstellte sie 85 runde Erd-Chromatogramme von einzelnen Bodenproben des ehemaligen Flughafengeländes Tempelhofer Feld in Berlin. Durch das Verfahren der Chromatographie werden Stoffgemische sichtbar in ihre einzelnen Bestandteile separiert. Die unterschiedlich ausgeprägten Farbringe wiederum speisen in ihrer Visualisierung in dieser Arbeit zudem eine Datenbank, um mithilfe von künstlicher Intelligenz PFAS-Verschmutzungen zu analysieren und erkennen. (Abb. 3)

Die mit einem Glas geschützten Bodenproben auf dem Filterpapier können von interessierten Rezipient*innen der Wandinstallation entnommen und auf einen sogenannten *Eternity Scanner* gelegt werden, der das Chromatogramm liest und in Töne umwandelt, um die menschlich induzierten Bodenveränderungen des Tempelhofer Feldes nicht nur sichtbar zu machen, sondern auch in Klang zu transformieren. Dabei können die Informationen aus den Bodenproben, die in

16 Vgl. u.a. Saskia Maria Preißner: *Xenobiotika in der Biomedizin. Wirkung und Stoffwechsel*. Dissertation an der Charité, Berlin, 2011. https://refubium.fu-berlin.de/bitstream/handle/fub188/11451/Publikationspromotion_Preissner.pdf?sequence=1&isAllowed=y (Zugriff am 15.10.2024).

17 Vgl. *Rillig Lab*, o. D. https://rilliglab.org (Zugriff am 01.10.2024).

Abb. 3: Saša Spačal: *Terra Xenobiotica*, 2023, Biotechnologische Installation, Maße variabel.

den Chromatogrammen aufgespalten sind, mithilfe der KI sonifiziert werden. Die eingeschriebenen Daten des schadstoffbelasteten Bodens bilden hierbei eine eigene Klanglandschaft aus.

Plastizität durch und mit Regenwürmern

Klänge stehen ebenfalls im Mittelpunkt von Saša Spačals Arbeit *Plastic_ity* (2018), in der sie die Geräusche eines Regenwurm-Terrariums modifiziert. In der bereits zu Anfang erwähnten Schrift führte Charles Darwin seine Forschungen mit Regenwürmern aus:

> As I was led to keep in my study during many months worms in pots filled with earth, I became interested in them, and wished to learn how far they acted consciously, and how much mental power they displayed.[18]

Dabei ging Darwin davon aus, dass Regenwürmer – nur „poorly provided with sense-organs"[19] – beispielsweise über keinen Hörsinn verfügen, jedoch Schwingungen in festen Körpern vernehmen.[20]
Knapp 150 Jahre nach Darwins Überlegungen zu den Vermögen von Regenwürmern ist das menschliche Verhältnis zu und die

18 Darwin: *Action of Worms*, S. 2.
19 Ebd., S. 3.
20 Ebd., S. 4.

allgemeingesellschaftliche Anerkennung der Intelligenz von Regenwürmern noch immer wenig ausgeprägt. Daher sah auch Saša Spačal sich veranlasst, Regenwürmern künstlerisch zu einer verstärkt tönenden Stimme zu verhelfen. In ihrer biotechnischen Klanginstallation mit dem bezugreichen Titel *Plastic_ity* werden Bewegungen der Regenwürmer mit Sonden aufgezeichnet, wobei die Bewegung im Terrarium jeweils die Lautstärke regelt. Plastizität als zu dauerhaften Veränderungen führende Formbarkeit steckt hier ebenso in dem Wortspiel unserer Erde als einer *Plastic City*.

Die Arbeit versucht, die Porosität ebenso wie die vielfältigen Zusammenhänge und Austauschprozesse, Bewegungen und Transportwege im Boden sicht- und hörbar zu machen. Denn die verschiedenen Bodenschichten entstehen durch Stoffwechselprozesse der in ihnen lebenden Erdlinge jeglicher Art. Doch heutzutage finden sich vermehrt Stoffe im Erdreich, die von menschlich induzierten Veränderungen eingebracht und hervorgerufen werden, wie Mikroplastik. Diese Fremdstoffe werden gemeinsam mit dem restlichen Boden durch Lebewesen wie Regenwürmer weiterverteilt.

Innerhalb des künstlichen Aufbaus der Arbeit von Spačal transportieren die Regenwürmer im Terrarium Mikroplastik mithilfe der Klanglandschaft in tiefere Bodenschichten. Der Transport der Plastikpartikel und die Schallintensität zuvor aufgezeichneter Geräusche stehen dabei in Wechselwirkung. Klang und Bewegung ergeben eine 3-Kanal-Installation innerhalb des versuchsartigen Settings. Hierbei wird der Einfluss des Menschen auf Ökologien in künstlerischer Weise nachvollziehbar. Saša Spačal zeigt mit ihrer Arbeit *Plastic_ity*, wie die Folgen menschlicher Handlungsweisen im Anthropozän in immer tiefere Erdschichten eindringen und das Leben der Erdlinge und damit ebenso unsere Lebensgrundlage verändern. (Abb. 4)

Der Geruch von Antibiotika

Auch in ihrer gemeinsam mit dem Biochemiker und Künstler Mirjan Švagelj kreierten Arbeit *Metabolus* (2017) beschäftigt sich Saša Spačal mit den Wechselwirkungen zwischen unterschiedlichen Spezies und der menschlichen Wahrnehmung von Erdlingen.[21] Mit *Metabolus*

21 Gezeigt in Saša Spačals Solo-Show *[UN]EARTHING*, Stadtgalerie Saarbrücken, 24.02.–14.05.2023, kuratiert von Katharina Ritter.

Abb. 4: Saša Spačal: *Plastic_ity*, 2018, Biotechnologische Installation, Maße variabel.

bringen sie den Geruch, den *Streptomyces-rimosus*-Bakterien in Form eines Geosmin-Aromas verströmen, in den Ausstellungsraum.

Streptomyceten kommen vorwiegend in Böden vor und gehören zur Klasse der *Actinobacteria*. Sie produzieren Antibiotika wie auch den bizyklischen Alkohol Geosmin, dessen Geruch viele Menschen an einen Waldboden nach dem Regen erinnert. Insbesondere das Antibiotikum Oxytetracyclin wird von *Streptomyces rimosus* produziert, das breite Anwendung in der Tier- und Humanmedizin findet.

Auch und gerade innerhalb von Erdschichten werden verschiedenste Stoffe in kleinen Dosen ausgetauscht, die wiederum Bestandteil weiterer Stoffwechselprozesse sind. Doch die Kreisläufe der für Menschen oftmals lebenswichtigen Antibiotika unterliegen seit einiger Zeit menschlich induzierten Veränderungen, in deren Folge Resistenzen gegen Antibiotika zunehmen.

Innerhalb der biotechnologischen Installation treten die Rezipient*innen in Stoffwechselprozesse mit den Bodenbakterien. Hier wird deutlich, dass sie nicht nur über unsere Nahrung mit dem Boden, auf dem und von dem wir leben, verbunden sind, sondern dabei in engen Verflechtungen mit zahlreichen Entitäten innerhalb des Erdreichs stehen. Ähnlich einer Laborsituation sind in der künstlerischen

Struktur zwei miteinander verbundene Kreisläufe abgebildet. Ein Kreislauf steht für die menschliche Extraktionslogik der Entnahme von durch Streptomyceten produzierten Antibiotika, während der andere Kreislauf den Konsum der flüchtigen Stoffe des Bodens beim menschlichen Einatmen oder auch bewussten Riechen in den Mittelpunkt stellt. Die Antibiotika werden in diesem Setting zugleich in den Boden zurückgebracht.

Rezipient*innen können den Geosmin-Geruch durch die Installation einatmen und bewusst wahrnehmen, während sie die Bakterien durch ein Vergrößerungsglas betrachten. In der Installation wird ganz sinnlich der Frage nachgegangen, ob Menschen die im schlimmsten Falle tödlichen Resistenzen gegen Antibiotika riechen können. Auf welche Weise sind wir mit Bakterien, Pilzen und Mikroorganismen im Erdreich verbunden, ohne uns dessen bewusst zu sein? Zur Debatte steht hierbei nicht zuletzt die Frage, welche Verantwortung wir gegenüber ökologischen, aber auch geopolitischen Krisen übernehmen, wenn wir anerkennen, dass wir mit allen Lebensformen und insbesondere mit Erdlingen in einem lokalen wie zugleich auch planetaren Metabolismus miteinander verbunden sind. (Abb. 5)

Multisensorische Wahrnehmungsgeflechte der Kunst

Die hier betrachteten künstlerischen Arbeiten zeigen auf je eigene Weise, wie fruchtbar Ansätze sind, die sich dem Erdreich in der Kombination variierender Wissensbereiche und Praxisformen annähern, gekoppelt mit einer empathischen Sensibilität für gänzlich andere Lebenswelten. Oftmals unter Zuhilfenahme (natur-)wissenschaftlicher Instrumentarien der Wahrnehmungsverstärkung – sei es durch Vergrößerungsgläser, Mikroskopaufnahmen, Sonifikationsprozesse oder (synthetische) Duftmoleküle – ist dabei gerade der Einbezug multisensorischer Zugänge für die künstlerische Übersetzung komplexer und vielschichtiger Vorgänge und sozio-ökologischer Problematiken entscheidend.

Bruno Latours Ansatz eines *Terrestisch-Werdens* wie auch die empathische Ausweitung der Agency insbesondere in Bezug auf Spezies, die Menschen im Alltag mit ihrem üblichen Sensorium kaum oder gar nicht wahrnehmen, spiegeln sich hier in der Verbindung variierender Wahrnehmungs- und Denkweisen im Prozess der Entstehung sowie Rezeption der künstlerischen Arbeiten. Zeitgenössische Kunst

Abb. 5: Saša Spačal / Mirjan Švagelj: *Meta_bolus*, 2017, Biotechnologische Installation, Maße variabel.

erkundet nicht zufällig gerade zu dieser Zeit, mit welchem Sensorium wir unsere Erdgebundenheit wie auch unsere Verbundenheit mit allen Erdlingen wieder stärker spüren können, um Interspezies-Relationen nicht nur alternativ denken und fühlen zu lernen, sondern den Handlungsspielraum und die Agency von Erdbewohner*innen jeglicher Art zu wahren, zu schützen und dabei auszuweiten.

Erdnahe Literatur

Von Gräsern, Eidechsen und bemoosten Steinen

Marlen Haushofers erdnahes Schreiben in der Erzählung *Das fünfte Jahr*

Nicola Kopf

Verlaufslinien einer erdnahen Ästhetik

Wenn die österreichische Autorin Marlen Haushofer (1920–1970) in einem Interview mit Elisabeth Pablé festhält, dass sie „Menschen zuwenig interessieren", dann ist dies nicht nur schriftstellerische Koketterie, sondern ein poetologisches Programm, das einen Schlüssel zum Verständnis ihrer Werke darstellt:

> Ich gehe nie von Fabeln aus, weil ich unfähig bin auch nur die einfachste Fabel zu erfinden. Meist gehe ich von Landschaften, Häusern, Steinen, Pflanzen und Tieren aus, häufig auch von Traumerlebnissen. Ich glaube, es ist eine meiner größten Schwächen, daß mich Menschen zuwenig interessieren. [...]. Manchmal werden sie mir unterwegs langweilig und ich gebe sie auf. Aber noch nie ist mir ein Baum, ein Stein oder eine Landschaft langweilig geworden.[1]

Es sind Graslandschaften, Waldböden und alpine Täler, von denen aus Haushofer ihre summende und zirpende Gestaltwelt entwickelt, es sind Felsen, Blumen, Eidechsen oder Insekten, die handlungsprägend in ihre Geschichten hineinwirken. In der literaturwissenschaftlichen Forschung wird gegenwärtig vor allem Haushofers bekanntester Roman *Die Wand* (1963) von einer ökokritischen Rezeptionswelle wiederentdeckt, die diesen als „ökologische Warnschrift im Zeitalter des Anthropozäns"[2] interpretiert und Tier-Mensch-Beziehungen verstärkt zum Thema

1 Elisabeth Pablé: Marlen Haushofer oder die sanfte Gewalt. Ein Gespräch mit Elisabeth Pablé. In: Anne Duden / Jeannie Ebner / Irmela von der Lühe / Manuela Reichart et al. (Hrsg.): *„Oder war da manchmal noch etwas anderes?". Texte zu Marlen Haushofer*. Frankfurt am Main: Neue Kritik 1995, S. 127–133, hier S. 130–131.

2 Ralf Zschachlitz: *Die Wand* – Eine ökologische Warnschrift im Zeitalter des Anthropozäns. In: Sylvie Alaud / Marc Lacheny / Jacques Lajarrige / Éric Leroy du Cardonnoy (Hrsg.): *Dekonstruktion der symbolischen Ordnung bei Marlen Haushofer*. Berlin: Frank & Timme 2019, S. 75–91.

macht.[3] Mit Blick auf ihr Gesamtwerk zeigt sich allerdings, dass sich ein proklamiertes „posthumanistisch-postanthropozentrisches Weltbild"[4] keineswegs auf das paradigmatische Szenario hinter der Wand beschränkt, sondern auch in deutlich weniger bekannten Texten angelegt ist. Als durchgängige Motivkonstanten entwirft Haushofer zwischen Kindheit, Traum und Zukunft angelegte Topologien,[5] in denen die Handlung von ‚Steinen, Pflanzen und Tieren' dynamisiert wird. Auffallend ist dabei ein omnipräsentes Bildfeld des *Bodens,* das eine menschliche Erzählperspektive irritiert und die Verlaufslinien einer erdnahen Ästhetik grundlegt.

Nicht nur in ihren Romanen, sondern auch in ihren in der Forschung bis heute wenig beachteten Erzählungen[6] finden Haushofers Protagonist*innen Rückzugsmöglichkeiten zwischen Baumstämmen, unter Felsvorsprüngen oder im hohen Gras einer Wiese, suchen die Nähe zu Laubfröschen, Ameisen oder Holunderbüschen.[7] Unter Wurzelstöcken oder bemoosten Steinen bleibt der Blick am Eigenleben des Untergrunds hängen und lässt Vorgänge am Boden zu Ausgangspunkten für Haushofers Schilderungen werden. Das Erdige nimmt unterschiedliche Formen an – mitunter wird es bis ins Bildfeld des Geologischen hinein verdichtet. Haushofers ‚versteinerte' Frauenfiguren[8] erwachen aus ihrer Erstarrung gerade dann, wenn sie aus ihren Zimmern und Mansarden ausbrechen oder ihre Füße ins Gras einer Wiese setzen. Die Landschaft, die aus der *Wand* bekannt

3 Vgl. u. a. Stefan Herbrechter: „Nicht daß ich fürchtete, ein Tier zu werden …". Ökographie in Marlen Haushofers *Die Wand.* In: *Figurationen* 15,1 (2014), S. 41–55; Anna Richards: "The Friendship of Our Distant Relations". Feminism and Animal Families in Marlen Haushofer's *Die Wand* (1963). In: *Feminist German Studies* 36,2 (2020), S. 75–100; Swen Schulte Eickholt: Hund, Katze, Kuh. Über Tiere als Personen in Marlen Haushofers Roman *Die Wand.* In: *Tierstudien* 25 (2024), S. 91–100.

4 Herbrechter: „Nicht daß ich fürchtete, ein Tier zu werden …", S. 42.

5 Vgl. Régine Battiston: Funktion der Landschaft in Marlen Haushofers Werk. In: Alaud / Lacheny / Lajarrige / Leroy du Cardonnoy (Hrsg.): *Dekonstruktion der symbolischen Ordnung,* S. 39–57, hier S. 39.

6 Vgl. u. a. die Beiträge in Andrea Capovilla (Hrsg.): *Marlen Haushofer. Texte und Kontexte.* Berlin: Frank & Timme 2022.

7 Vgl. Marlen Haushofer: *Die gesammelten Romane und Erzählungen,* Bd. 6: Gesammelte Erzählungen, hrsg. v. Christa Gürtler / Liliane Studer. Berlin: Claassen 2023.

8 Vgl. Julia Freytag: ‚Wände, die nirgendwo enden'. Vom Schreiben hinter der Wand bei Marlen Haushofer. In: Dies. / Astrid Hackel / Alexandra Tacke (Hrsg.): *Gegen die Wand. Subversive Positionierungen von Autorinnen und Künstlerinnen.* Berlin: Neofelis 2021, S. 65–93, hier S. 66.

ist, findet sich in zahlreichen Erzählungen vorgezeichnet und hat ihren Ursprung meist in der Kindheit: In *Die Vergißmeinnichtquelle* ist etwa von einer „Kuppel" des Waldes die Rede, von einem undurchdringlichen Dickicht, das buchstäblich über dem Kopf der Erzählerin zuwächst: „Es gab nichts anderes mehr als Wald."[9] In *Die Höhle* sehnt sich die Protagonistin zurück in „die warme, saugende Dämmerung"[10] einer kleinen Höhle, in die sie sich bereits als Kind vor den Anforderungen des Alltags zurückzog. Immer wieder sind es Tiere, die einer Handlung – wie etwa in *Der Hirschkäfer* – eine unerwartete Richtung geben oder Haushofers menschliche Protagonist*innen zu Randfiguren ihrer Geschichten machen. In einigen Szenarien führen die Brüche mit einer anthropozentrischen Perspektive in apokalyptische Visionen hinein und werden bis hin zum Entwurf einer Welt ohne Menschen gesteigert: „Unsere Nachkommen werden wieder Eidechsen sein"[11], resümiert die Erzählstimme in *Mein Geliebter ist aus Stein* und imaginiert damit eine Zukunft, die evolutionsgeschichtlich über das Szenario in der *Wand* hinausweist: „Wenn ich den Boden hinter der Wand betrachte", so spekuliert die Protagonistin hier, „sehe ich keine Ameise, keinen Käfer, nicht das kleinste Insekt. Aber es wird nicht so bleiben. Mit dem Wasser aus den Bächen wird das Leben, winziges einfaches Leben, einsickern und die Erde wiederbeleben."[12]

Marlen Haushofer meets Donna Haraway

Die Bildwelt des Bodennahen korrespondiert in Haushofers Texten mit einer deutlichen Motivik der Be(un)ruhigung, die sich sowohl lexikalisch wie auch ästhetisch in ihrem Schreiben abbildet. Haushofers Böden sind moorig, wurzeldurchzogen oder verhärtet – die Bilder des Untergrunds, die ihre poetischen Landschaften prägen, oszillieren zwischen Handlungsmomenten von Aufweichung und Erstarrung.[13] Während die Topik von Bewegung und Stillstand bisher vorwiegend unter

9 Marlen Haushofer: Die Vergißmeinnichtquelle. In: Dies.: *Die gesammelten Romane und Erzählungen*, Bd. 6, S. 213–226, hier S. 220.

10 Marlen Haushofer: Die Höhle. In: Ebd., S. 198–202, hier S. 199.

11 Marlen Haushofer: Mein Geliebter ist aus Stein. In: Ebd., S. 754–756, hier S. 756.

12 Marlen Haushofer: *Die Wand.* Mit einem Nachwort von Klaus Antes. Frankfurt am Main / Berlin: Ullstein 1990, S. 223.

13 Vgl. Christiane Gürtler / Juliane Studer: Nachwort. In: Haushofer: *Die gesammelten Romane und Erzählungen*, Bd. 6, S. 771–794, hier S. 783.

Vorzeichen von Geschlechterverhältnissen in der Nachkriegszeit interpretiert wurde,[14] erlaubt die enge Assoziation mit dem Begriff der *Erde* eine kritische Rekonzeptualisierung des historisch belasteten Bildfelds *Boden*, das – wie etwa Bruno Latour argumentiert – in ökokritischer Umdeutung zur Dimension einer erdverbundenen Existenz wird.[15]
Eine Denkerin der Gegenwart, die an eine solche Perspektive anschließt und deren Philosophie ein mögliches Vokabular für Haushofers erdnahes Schreiben zur Verfügung stellt, ist Donna Haraway.[16] Vor allem in ihrer Monografie *Unruhig bleiben. Die Verwandtschaft der Arten im Chthuluzän* (2018) ist die Hinwendung zum Boden leitend für ein aufwühlendes und aufrührerisches Denken, das vielfältige Beunruhigungen eines menschlichen Exzeptionalismus anstößt und Formen des Erzählens sucht, die eine relationale Ontologie bebildern.[17] Im Sinne Latours plädiert sie „für Geogeschichten, für Gaiageschichten, für symchthonische Geschichten“[18], die notwendig sind, um Verbindungen zwischen unterschiedlichen Spezies sichtbar zu machen und diese in ‚signifikanter Andersartigkeit‘ zu erfassen.[19] Ebenso wie bei Haushofer sind es bei Haraway Steine, Pflanzen und Tiere, die ihr Schreiben figurativ begleiten und als erdnahe „Monster im besten Sinn“[20] ihre Ideenwelt bevölkern. Haraway nennt ihre theoretischen Gestaltenwandler „Erdlinge“[21] oder die „Chthonischen“[22] und holt sie über die leitmotivische Bewegung in die Tiefe an die Oberfläche.

14 Vgl. u. a. Freytag: ‚Wände, die nirgendwo enden‘, S. 65.

15 Vgl. Bruno Latour: *Das terrestrische Manifest*, aus d. Franz. v. Bernd Schwibs. Berlin: Suhrkamp 2020, S. 101.

16 Vgl. Sarah Neelsen: Marlen Haushofer als SF-Autorin? Science Fiction, String Figures und Speculative Feminism. In: Capovilla (Hrsg.): *Marlen Haushofer*, S. 59–75. Zu Haraways Bedeutung für die Cultural Animal Studies vgl. Roland Borgards: Cultural Animal Studies. In: Gabriele Dürbeck / Urte Stobbe (Hrsg.): *Ecocriticism. Eine Einführung*. Köln / Weimar / Wien: Böhlau 2015, S. 68–80, hier S. 74.

17 Vgl. Donna Haraway: *Unruhig bleiben. Die Verwandtschaft der Arten im Chthuluzän*, aus d. amerik. Engl. v. Karin Harrasser. Frankfurt am Main: Campus 2018, S. 24.

18 Ebd., S. 72.

19 Vgl. Donna Haraway: *Das Manifest für Gefährten. Hunde, Menschen und signifikante Andersartigkeit*, aus d. amerik. Engl. v. Jennifer Sophia Theodor. Berlin: Merve 2016.

20 Haraway: *Unruhig bleiben*, S. 10.

21 Ebd., S. 72.

22 Ebd., S. 10.

Das von ihr immer wieder hervorgehobene Diktum „it matters what stories we tell to tell other stories with“[23] steht dabei für ihre Idee einer materiell vermittelten Semiotik, in welcher der Boden selbst als Grundstoff von Bedeutungsentstehung perspektiviert wird. Haraway spricht von einer „Theorie in Schlamm und Durcheinander (*muddle*)“[24], von einem Verfahren des Kompostierens, das eine anthropologische Differenz über das Bild des Humus auflöst: „Wir sind Humus, nicht *homo*, nicht *anthropos*; wir sind kompostiert, nicht posthuman“[25]. Mit ihrem Terminus der „Sympoiesis“ [26] rückt sie ihre Philosophie in die Nähe einer Poetik, die artenübergreifende Verflechtungen zum Äquivalent einer literarischen Textur macht: „Erdlinge stellen verwobenes, verflochtenes Leben und Sterben in sympoietischen, artenübergreifenden Fadenspielen her; sie machen keine Geschichten im Singular.“[27] Versteht man die sympoietische Hinwendung zum Boden im Anschluss daran als poetologisches Prinzip, so wird eine anthropozentrische Erzählposition immer dann irritiert, wenn sie bodennahe Verbindungen herstellt, ins Dickicht materiell-semiotischer Verschränkungen eindringt und vertikalisch in die Tiefe wandert: „Du mußt unter den Haselstauden liegen und nichts spüren als die Frühlingssonne auf deinem Gesicht und das Moos unter deinen Händen. Dann öffnet sich die Erde“[28], formuliert Haushofer in *Für eine vergeßliche Zwillingsschwester*. Ein solcher Appell lässt sich als Impuls für einen interpretatorischen Zugang verstehen, der die Verlaufslinien einer erdnahen Ästhetik aufdeckt und dabei den Spuren vielgestaltiger ‚Erdlinge‘ nachgeht.

Hinwendung zum Boden in *Das fünfte Jahr* (1952)

Ein Text, der diese literarische Hinwendung zum Boden exemplifiziert, ist die 1952 in Buchform erschienene Erzählung *Das fünfte Jahr.*[29] In

23 Donna Haraway: *Staying with the Trouble. Making Kin in the Chthulucene*. Durham / London: Duke UP 2016, S. 12.

24 Haraway: *Unruhig bleiben*, S. 49.

25 Ebd., S. 80.

26 Ebd., S. 85. „Sympoiesis“ bedeutet bei Haraway wörtlich „„mit-machen““.

27 Ebd., S. 72.

28 Marlen Haushofer: Für eine vergeßliche Zwillingsschwester. In: Dies.: *Die gesammelten Romane und Erzählungen*, Bd. 6, S. 112–118, hier S. 118.

29 Vgl. Daniela Strigl: *„Wahrscheinlich bin ich verrückt …“. Marlen Haushofer – die Biographie.* Berlin: Ullstein 2008, S. 176.

dieser schildert Haushofer das fünfte Lebensjahr der Protagonistin Marili, die gemeinsam mit ihren Großeltern auf einem Bauernhof lebt und in eine für ihr Schreiben paradigmatische „Erlebniswelt der Kindheit“[30] hineinwächst. Wie im autobiografischen Roman *Himmel, der nirgendwo endet* (1966) entfaltet sich die Handlung entlang der grundmotivischen Koordinaten von Wald, Haus und Wiese und folgt einer von Steinen, Pflanzen und Tieren geprägten Landschaft, deren Dynamiken in die kindliche Erzählperspektive eingehen.[31] In *When Species Meet* hebt auch Haraway die Kindheit als Lebensphase hervor, in der die Erfahrung einer speziesübergreifenden Welt durch die kindliche Fantasie intensiviert wird: „As a little girl, I loved to inhabit miniature worlds brimming with even more tiny real and imagined entities.“[32]

Marilis Wirklichkeit konstituiert sich in eben solchen Miniaturwelten der Begegnung mit fremden Wesen, in Kontaktzonen, in denen sie tierliche, pflanzliche oder sogar anorganische Gefährt*innen antrifft. Der Boden ist dabei ein omnipräsentes Motiv, das ein artenübergreifendes Kontaktbedürfnis anzeigt und die Sehnsucht nach einer Berührung mit dem lehmig-schlammigen Untergrund auslöst: „Ganz deutlich glaubte sie zu spüren, wie sich ihre Zehen in den Sandalen danach sehnten, in der sonnenbeschienenen Lache zu spielen.“[33] Für Marili sind Bäume, Sträucher oder Flussläufe ebenso lebendig wie die Tiere und Menschen, denen sie begegnet, die Ordnung der Wirklichkeit folgt der Unentschiedenheit des kindlichen Blicks, in der Subjekt und Objekt, Fantasie und Realität verschwimmen. Das Gefühl der Verbundenheit tritt dabei in Kontrast zu häuslichen Räumen, die unter Vorzeichen der Vereinzelung und Immobilisierung lesbar werden.[34] „‚Nie‘, dachte Marili, ‚will ich grüne Westen stricken.‘“ (FJ, S. 56), und antizipiert

30 Andrea Capovilla: „Dabei wäre es möglich gewesen, anders zu leben“. Einleitung. In: Dies. (Hrsg.): *Marlen Haushofer*, S. 7–17, hier S. 10.

31 Vgl. Krzystof Lipinski: Unwissenheit oder Das Glück der frühen Jahre. Zu Marlen Haushofers Kindheitsdarstellungen in ‚Himmel, der nirgendwo endet‘ und ‚Das fünfte Jahr‘. In: *Zirkular* 61 (2002), S. 115–123, hier S. 116.

32 Donna Haraway: When Species Meet. In: Adrian Franklin (Hrsg.): *The Routledge International Handbook of More-Than-Human Studies*. London / New York: Routledge 2024, S. 42–78, hier S. 42.

33 Marlen Haushofer: Das fünfte Jahr. In: Dies.: *Die gesammelten Romane und Erzählungen*, Bd. 6, S. 37–95, hier S. 68. Im Folgenden mit der Sigle FJ zitiert.

34 Vgl. Battiston: Funktion der Landschaft, S. 41.

damit bereits die Fallstricke eines patriarchalen Musters, dem Haraway mit speziesübergreifenden Fadenspielen beikommt.
Tatsächlich ist Marili unaufhörlich damit beschäftigt, die Welt in ihren mehr-als-menschlichen Verstrickungen zu begreifen: Sie verbringt ihre Zeit bei den Kühen oder mit dem Hund Pluto, mit dem sie sich balgt, bis sie in einem „Knäuel von Hunde- und Kinderbeinen" (FJ, S. 55) aufgeht. Deutlich zeigt sich die Verzahnung von *Kindheit* und *Kinship*[35] in ihren Träumen, die von naturkulturellen Grenzüberschreitungen geprägt sind: „Im Traum konnten die Tiere sprechen, und Marili führte dann lange Unterhaltungen mit dem Hahn, einer Kuh oder Pluto" (FJ, S. 78). Störungen einer solchen Harmonie gehen von einem – das Patriarchat in Kinderschuhen repräsentierenden – Nachbarsjungen und von einer bedrohlichen Erwachsenenwelt aus, die tiermenschliche Hierarchien aufrechterhält oder mit traumatisierender Gewalt wiederherstellt.[36] Wochenlang träumt Marili von einer zutraulichen Kröte, die in einer „kleine[n] Höhle am Wegrand" auf ihre Salatfütterung wartet, bis sie realisiert, dass die Magd sie verbrüht hat: „Plötzlich verändert sich die Wiese. [...] Die Kröte sitzt nicht in ihrer Höhle, sie liegt im Ausguß und ist tot." (FJ, S. 63)
Ganz wie sich Marilis Traumlandschaft als feucht-mooriges Habitat einer Kröte darstellt, zieht der Text eine chthonische Sphäre in die Handlung ein, über die sich das Geschehen immer wieder am erdigen Grund der Geschichte festsetzt. Im Sommer verbringt Marili ganze Nachmittage im Gras einer hügeligen Wiese, die sich zwischen „dichtem Haselgebüsch [...] zu kleinen Tälern" aufdehnt (FJ, S. 70). Es sind schwindlig machende Eindrücke, die sie dort einnehmen und die Spuren einer „affektiv-kognitive[n] Ökologie"[37] ins Bild setzen: Marili geht mit anziehenden „Feuerlilien" auf Tuchfühlung (FJ, S. 70), schließt Freundschaft mit einem „Eisenhut" (FJ, S. 72) und lässt sich vom „Gekrabbel" der „gelb und braun bepelzten Hummeln" kitzeln (FJ, S. 73). Mitunter scheinen die Rhythmen der Landschaft auf sie überzugehen und die Linearität der Geschichte zu unterbrechen: „Das ganze Tal schien von einem schweren Traum befangen, und auch das Kind wurde schläfrig, wenn es neben dem Türkenbund im Moos

35 Vgl. Haraway: *Staying with the Trouble*, S. 2.
36 Vgl. Strigl: *„Wahrscheinlich bin ich verrückt ..."*, S. 177.
37 Haraway: *Unruhig bleiben*, S. 112.

lag.“ (FJ, S. 71) Stundenlang sitzt Marili an ihren Lieblingsplätzen, lauscht eintönigen Vogelgesprächen (FJ, S. 72), und wirft Kieselsteine in einem kleinen Tümpel. Die diffuse Beunruhigung, die vom schlammigen Untergrund des Wassers ausgeht, verfolgt sie bis in ihre Träume: Sie imaginiert, dass „die glatte Fläche“ aufreißt und „gurgelnde Laute aus dem grünlichen Loch“ steigen. (FJ, S. 85)

Ihre Hinwendung zu Tieren und Vegetation ist indes Teil eines fortgesetzten Spiels, über das Marili versucht, speziesübergreifende Kommunikation zu erlernen und signifikante Andersartigkeit zu kalibrieren. Als ihr etwa eine kleine Maus vor die Füße springt, wagt sie kaum, sich zu bewegen: „Plötzlich erstarrte das Kind mitten in Gedanken. Wenige Schritte von seinen Fußspitzen entfernt saß eine Maus und sah es unverwandt aus schwarzen, glänzenden Augen an.“ (FJ, S. 88) Während der Blick der Maus hier eine perspektivische Verschiebung in Gang setzt, die eine wechselseitige Resonanz ermöglicht,[38] übt Marili auch in anderen Situationen ein, was Haraway als „das Kultivieren von Responsabilität“[39] bezeichnet, ein sympoietisches Mit-Machen, das mitunter an eine unmissverständliche „‚Intimität unter Fremden‘“[40] geknüpft ist: Als sie die „fleischigen“ Feuerlilien „vorsichtig und behutsam“ mit ihren „Lippen“ berührt, ahnt sie, dass dies einem Übergriff nahekommt: Sie weiß, „daß die Blumen es nicht gern haben, wenn man sie anfaßt.“ (FJ, S. 70–71) Ganz wie bei Haraway ist Bedeutung immer ‚fleischlich‘ und verkörpert – Kontaktergebnis mit infektiöser Wirkung, die sich in die Semiotik der Physis einschreibt.[41]

In der Forschungsliteratur wird Haushofers animistisch „belebte Dingwelt“[42] oft mit einer romantisch-märchenhaften ‚Verzauberung‘ der Wirklichkeit assoziiert, in einer neomaterialistischen Lesart geht diese mit der ‚Lebhaftigkeit‘ von Materie einher, die eine menschliche Erzählposition destabilisiert.[43] Beunruhigungen kulminieren in

38 Vgl. Haraway: When Species Meet, S. 57.

39 Haraway: *Unruhig bleiben*, S. 58.

40 Haraway bezieht sich hier auf eine von Lynn Margulis geprägte Wendung. Ebd., S. 87.

41 Haraway: *Das Manifest für Gefährten*, S. 25.

42 Vgl. Helmut Grugger: Erzähltheoretische Überlegungen zu *Himmel, der nirgendwo endet* im Kontext des autobiografischen Schreibens. In: Capovilla (Hrsg.): *Marlen Haushofer*, S. 87–105, hier S. 89.

43 Jane Bennett: *Lebhafte Materie. Eine politische Ökologie der Dinge*, aus d. amerik. Engl. v. Max Henninger. Berlin: Matthes & Seitz 2022, S. 14.

Momenten, in denen sich das Geschehen dem menschlichen Blick entzieht: „Sie wußte, daß sich, während sie schlief, etwas ereignet hatte, etwas, was sie nie erfahren würde. [...] Gewiß würde sich das Tal sofort verwandeln, sobald sie ihm den Rücken zukehrte." (FJ, S. 72) Verhandelt wird die diegetische Unverfügbarkeit über eine Rhetorik des Geheimnisvollen, in der sich die „Natur" niemals nur als Repräsentation „eines metaphorischen Bildspenders"[44] darstellt, sondern über ihre Dynamiken in die Bedeutungsentstehung hineinwirkt. So können sich die Schlangen, die in Marilis Träumen in plakativer Symbolik dem „Paradies der Kindheit"[45] Modell stehen, aus ihrer mythologischen Aufladung auch wieder herauswinden, indem sie sich in den erdigen Grund der Geschichte zurückziehen: „Marili kam nie dazu, sie genau zu betrachten, denn sie glitten lautlos und hurtig an ihr vorüber irgendwo in ihre feuchten Höhlen." (FJ, S. 77) Der von Hohlräumen durchzogene Untergrund wird dabei als materiell-semiotische Sphäre erkennbar, in der sich symbolische Kodierungen zersetzen und zwischen „Ameisenburgen aus Kiefern- und Lärchennadeln" (FJ, S. 83) in die kompostierenden Metabolismen des Bodens eingehen.[46]

Deutlich zeigen sich solche semantischen Mischverhältnisse bei Haushofer in Szenen, die existenziell werden und das Humane buchstäblich im Humus des Bodens auflösen. Auf dem Friedhof, wo Marili mit der Großmutter die Gräber der Familie besucht, kann sie den Blick nicht von den Bäumen abwenden und kriecht unvermittelt unter eine große „Trauerweide": „Gedankenlos nahm sie einen Zweig der Weide zwischen die Zähne und biß zusammen. Bitternis erfüllte ihren Mund und durchdrang ihren kleinen Körper." (FJ, S. 82) Der Zweig wird hier zu einer sympoietischen Anschlussstelle, in der sich im Augenblick der „schreckliche[n] Leere" (FJ, S. 82) eine mehr-als-menschliche Signifikanz einstellt, die Bitternis im Mund entspricht einem Gefühl, das erst als Geschmack des Holzes in Marili aufgeht. Gespiegelt wird dieser Moment in einer Szene, in der Marili das glänzende „Harz" aufgeschnittener „Lärchenstämme" anfasst und „die verzauberten Tropfen"

44 Oliver Völker: *Langsame Katastrophen. Eine Poetik der Erdgeschichte*. Göttingen: Wallenstein 2021, S. 18.

45 Hans Weigel: Marlen Haushofer. In: Duden / Ebner / von der Lühe / Reichart et al. (Hrsg.): *„Oder war da manchmal noch etwas anderes?"*, S. 167–183, hier S. 173.

46 Auch bei Haraway heißt es: „Solch schlangenartiger, sich seitwärts windender Verkehr ist eines meiner Erzählmotive." (Haraway: *Das Manifest für Gefährten*, S. 16.)

zum Mund führt: Ebenso wie sich der klebrige Stoff nicht mehr von „den Nägeln und von den Zähnen“ ablöst, scheinen hier Holz, Harz und Sprache ineinander zu verkleben. Haushofer etabliert damit ein poetologisches Motiv, das ihrer materiellen Semiotik eine zähe, adhäsive Gestalt gibt. (FJ, S. 84)

Dass solche sympoietischen Verflechtungen auch in den Tod hineinreichen und diesen als Teil von imaginativen Stoffkreisläufen kenntlich machen, zeigt sich schließlich auch am Ende der Erzählung, wo eine schwere Krankheit in den lebendigen Alltag des Kindes einbricht. Nach einer irritierenden Begegnung mit einem fremden Mann erwacht Marili tagelang nicht aus einem Fieber und träumt sich hinein „in eine dunkle Höhle“: himmelhochwachsende Wälder nehmen sie gefangen, die ihr – wie in einer Vorwegnahme der *Wand* – alle Fluchtwege versperren. In wilder Hetzjagd wird sie von Waldameisen „über Hügel und Wiesen“ getrieben, während sie selbst in die Topographie hineinschrumpft und in die bebende Graslandschaft eingeht: „ihr Kopf wackelte wie auf einem dünnen Stängel, sie hatte größte Angst, ihn zu verlieren.“ (FJ, S. 93) Als sie erwacht, fühlt sie sich fremd in ihrem Körper und wundert sich über ihre abgemagerten Finger: „Sie waren matt und so mager, daß man jedes Knöchelchen sehen konnte, aber doch ihre eigenen Hände, mit denen sie Eidechsen und Frösche gestreichelt hatte und die so gern in der feuchten Erde gewühlt hatten.“ (FJ, S. 94)

Was Haushofer ausführt, ist nicht nur der Höhepunkt einer narratologischen Umkehr, in der Marili jede Kontrolle über die Geschichte entgleitet, sondern auch Ausdruck einer literarischen Gestaltwelt, in der sie sich selbst in eine Art ‚Erdling‘ verwandelt. Es ist ihre eigene Verletzlichkeit, die sie schließlich auf existenzielle Weise in eine relationale Ontologie von „Eidechsen und Frösche[n]“ einbindet, die eine beunruhigende Logik der Responsabilitäten eröffnet und sich als Wurzel von Haushofers chthonischer Bildfolge darstellt. Deren Triebkräfte scheinen Marili beinahe körperlich zu perforieren, in die Geschichte hineinzuwachsen und über den Tod hinausgehende irdische Verbindungen zu knüpfen: Bereits lange vor ihrer eigenen Krankheit lässt sich Marili einmal von ihrer Großmutter versprechen, „daß auch Tiere in den Himmel kämen, alle ohne Ausnahme, die Löwen genauso wie die Ameisen.“ (FJ, S. 79) Sie malt sich aus, wie eine tote Maus beginnt, „irgendwo in den weißen Wattewolken ein passendes Loch für den

Winter zu nagen" und erinnert sich an „die arme Kröte": „Manchmal glaubte Marili deutlich, die himmlische Höhle zu sehen, in der sie jetzt hocken mochte, die gelben Augen geschlossen, ein graubrauner Klumpen mit lichter Kehle, die sich sanft auf und niederbewegte – in alle Ewigkeit." (FJ, S. 79) Die ‚Beruhigung' (vgl. FJ, S. 79), die von dieser Imagination ausgeht, ist Schluss und Anfang einer Poetik des Unruhig-Bleibens, ist End- und Zielpunkt einer erdnahen Ästhetik, deren aufwühlende Bewegung im Bild der Kröte zu sich kommt: Haushofer imaginiert eine Welt, in der nicht der *Himmel*, sondern *Boden nirgendwo endet*: Seiner Transzendenz beraubt, wird das Jenseits in der kindlichen Imagination zum Erdreich, zu einer Sphäre, in der sich „beings of the mud more than the sky"[47] begegnen.

47 Haraway: *Staying with the Trouble*, S. 11.

Maulwurf, Grottenolm und Regenwürmer

Im Erdreich mit Jan Wagner

Laura M. Reiling

Jan Wagners Aufmerksamkeit für Böden ist offenkundig: „die böden haben etwas federn- / des von den wolken, wolkenmassen, / die sie in sich verschließen, den von regen fetten / moosen."[1] Bei Wagners Lyrik lohnt die Perspektive einer ‚literaturwissenschaftlichen Bodenkunde'[2] auch deshalb, weil sich in seinen Gedichten genaue Betrachtungen des Unterirdischen, der Flora und vor allem Fauna unter der Erde finden. Es stellt sich die Frage, mit welchen Mitteln die poetische, verdichtete Inszenierung des ‚Unterlands'[3] vollzogen wird. Wagners Erdlingspoesie lässt die zumeist im Verborgenen und Dunklen lebenden und sich daher eo ipso der Betrachtung entziehenden Tiere sichtbar werden.[4] Der Lyriker bespielt von Beginn an die ganze vertikale Breite – vom Himmel bis zum Erdreich, zu den Wurzeln, die seine lyrischen Texte ans Licht rücken. Im Gedicht *kretische skizzen* in seinem Debütband *Probebohrung im Himmel* (2001) geht es um den „ginster an den hängen, dessen wurzeln / das höhlendunkel aus der tiefe ziehen"[5]. *im norden*, so ein weiteres Gedicht, „[suchen] bäume, in den wind gekrümmt, / vornübergebeugt nach löchern im erdboden"[6] und in *februarwald* werden,

1 Jan Wagner: von einer insel im atlantik. In: Ders.: *Australien*. Berlin: Bloomsbury 2010, S. 91–94, hier S. 93, V. 29–32.

2 Joana van de Löcht: Gaiageschichten. Ansätze zu einer literatur- und kulturwissenschaftlichen Bodenkunde. In: *AVL Digital*, 13.03.2024. https://www.avldigital.de/de/vernetzen/details/event/gaiageschichten-ansatze-zu-einer-literatur-und-kulturwissen schaftlichen-bodenkunde-heilbrun/ (Zugriff am 01.10.2024). Die Stiftung Kunst und Natur veranstaltet seit 2023 die Nantesbucher Bodentage.

3 Vgl. Robert Macfarlane: *Underland*. London: Penguin 2020.

4 Wagner „bestimmt […] es als eine wesentliche Aufgabe der Poesie, die umgebende Welt wieder emphatisch ‚zu sehen und nicht lediglich wiederzuerkennen' (Šklovskij)" (Heinrich Detering: Jan Wagner. In: Christiane Freudenstein-Arnold (Hrsg.): *Kindler Kompakt Deutsche Literatur der Gegenwart*. Stuttgart: Metzler 2016, S. 205–207, hier S. 206).

5 Jan Wagner: kretische skizzen. In: Ders.: *Probebohrung im Himmel*. Berlin: Berlin Verlag 2001, S. 31–46, hier S. 34, V. 1–2.

6 Jan Wagner: im norden. In: Ebd., S. 77, V. 7–8.

auch im impliziten Rekurs auf den Titel des Bandes, Erde und Himmel, Wurzeln und Zweige parallelisiert: „das moos, über umgestürzte stämme gebeugt [...] / ein vogel ab und an [...] // die wurzeln die die erde zusammenhalten. / die zweige die den himmel zusammenhalten."[7] Wurzeln sind bei Wagner auch Markierung subjektiver Verwurzelung, in einem Gedicht denkt sich der Mensch in/als einen Baum: „jeder schritt / sehnt sich nach erde."[8]

Jan Wagners lyrisches Werk, das bekanntlich tierreich ist und ‚Natur' in den Fokus rückt, ohne diese zwangsläufig zu idyllisieren[9], umfasst inzwischen neun Gedichtbände, angefangen 2001 mit *Probebohrung im Himmel* bis hin zu *Steine & Erden* im Jahr 2023. In den meisten davon sind Erdlinge präsent. Diese Gedichte (bis auf *grottenolm*[10]) haben nichtsdestotrotz in der Forschung, auch jenseits der Animal Studies, kaum Beachtung erfahren. Das erste Gedicht, in dem sich Wagner näher dem Erdreich und dessen Bewohner*innen widmet, trägt den Titel *regenwürmer* und findet sich im Band *Guerickes Sperling* (2004). Das reimlose Gedicht in zehn Versen und zwei Strophen beschreibt eine konkrete Erinnerung des lyrischen Ich an einen früheren Sommer, in dem es als Kind Regenwürmer gefangen hat. Eine „Einzelerscheinung[ ]" wird, wie Wagner poetologisch ausführt, zum Gedichtgegenstand.[11] Nur im Titel findet eine Benennung des Erdlings statt, danach

7 Jan Wagner: februarwald. In: Ebd., S. 62, V. 5–10.

8 Jan Wagner: paul gerhardt: „der mann wird einem baume gleich". In: Ders.: *Australien*, S. 48, V. 4–5. Dazu: „Die biologische Verwurzelung des Ich ist identisch mit seiner Entwurzelung als Subjekt. Es ist das faszinierende Bild einer Metamorphose, die dem Mann neue Qualitäten zuführt, je mehr Eigenmacht er über sich selbst einbüßt. Es ist zugleich das Bild der Entwurzelung einer Form" (Michael Braun: Die „Magie zweiter Ordnung". In: *Goethe*, o. D. https://www.goethe.de/ins/cz/de/kul/mag/21066620.html (Zugriff am 01.10.2024)).

9 Vgl. Michael Braun: Das regungslose Zentrum von Gesang. Zwei Fußnoten zur Dichtkunst Jan Wagners. In: Frieder von Ammon (Hrsg.): *Jan Wagner*. München: Text + Kritik 2016, S. 46–50, hier S. 48: Naturphänomene „prallen sehr oft zusammen mit den brutalen Faktizitäten einer mörderischen Lebenswirklichkeit."

10 Heinrich Detering: Qualle und Killer. Eine Einführung in das Schreiben Jan Wagners. In: von Ammon (Hrsg.): *Jan Wagner*, S. 7–14, hier S. 13; Heinrich Detering: ‚nahe- / gekommen'. Jan Wagners Tiergedichte und Gedichttiere. In: Christoph Jürgensen / Friedhelm Marx / Holger Pils (Hrsg.): *Natur – Form – Autorschaft. Das literarische Werk Jan Wagners*. Würzburg: Königshausen & Neumann 2022, S. 29–39, hier S. 32–35.

11 Jan Wagner: *Ein Knauf als Tür. Wie Gedichte beginnen und wie sie enden*. München: Siemens Stiftung 2014, S. 25.

ist allgemeiner von „würmer[n]“ die Rede. Sie werden indessen durch ihr Dasein als Zwitter expliziert und daher als Regenwürmer erkennbar. Erst stellt das lyrische Ich, das sich wie so oft bei Wagner hinter einem „wir“ versteckt und zugleich den Autor durchscheinen lässt, die trockene sommerliche Erde dar, dann das Spiel der Kinder mit diesem Boden und den Erdlingen:

> in jenem sommer lag die erde rissig
> und trocken da. mit wechselstrom und drähten
> im boden schufen wir ein falsches wetter,
> die würmer anzulocken, jene zwitter
> an dünne haken auszuliefern […][12]

Ein weiterer Erdling – und der Fressfeind des Regenwurms – ist der Maulwurf. In Wagners auf Samuel Pepys rekurrierenden *Achtzehn Pasteten* (2007) – und später auch in *Die Live Butterfly Show* (2018) – kommt er in den Blick, allerdings wird dabei nicht beschrieben, wie er unter der Erde lebt, sondern dass er sich qua seiner Spur, seiner charakteristischen hinterlassenen Hügel, dem Menschen zeigt: „dort sehe ich den gärtner, / der mitten auf der wiese wie geblendet / vor einem maulwurfshügel steht, die schaufel hebt.“[13] Wieder ist der Erdling im Widerstreit mit dem Menschen und dabei in einer im Vergleich zum humanen Subjekt schwächeren Position.[14] Ist der Regenwurm den Kindern ‚ausgeliefert‘, wird hier der Bau des Maulwurfs zerstört. Das Gedicht zeigt nicht den Maulwurf in seinem Habitat, sondern der Schlag des Gärtners auf den Maulwurf bzw. dessen Hügel dient primär der Parallelisierung mit dem Fleischhacken für das Gericht der titelgebenden Pastete *rissoles pompadour*. Der Maulwurf taucht kurz, in zwei Versen, wieder in *Australien* (2010) auf: „ein wiesenstück, zerwühlt / von maulwurf“[15].

Genauer dargestellt wird der Maulwurf in den *Regentonnenvariationen* (2014). Das dreistrophige Gedicht *gräber* bricht das semantische

12 Jan Wagner: regenwürmer. In: Ders.: *Guerickes Sperling*. Berlin: Berlin Verlag 2004, S. 34, V. 1–5.

13 Jan Wagner: II (rissoles pompadour). In: Ders.: *Achtzehn Pasteten*. Berlin: Berlin Verlag 2007, S. 35, V. 10–12.

14 Ähnlich gestaltet sich die Szene im Gedicht *madlitzer elegie*, in dem, das wird zweimal wiederholt, „der maulwurfstöter“ „die haufen [löscht]“ (Jan Wagner: madlitzer elegie. In: Ders.: *Die Live Butterfly Show*. München: Hanser Berlin 2018, S. 88, V. 1–2, 15–16).

15 Jan Wagner: hononanz. In: Ders.: *Australien*, S. 83, V. 2–3.

Feld der Natur und verschiebt es in eine Verknüpfung von Maulwurf und Krieg: „als die granate aus dem straßengraben / gekullert wird, ist es der maulwurf, rollt / durchs grelle mittagslicht“[16]. Das lyrische Ich macht den Erdling passiv und verfremdet ihn durch Brechungen des Habitats und der Bewegung, denn weder „rollt“ oder „[ ]kullert“ ein Maulwurf, noch lebt er gemeinhin im „straßengraben“. Nachgestellt wird: „der gräber eben, / den urgroßvater immer fangen wollte“[17]. Entweder der Urgroßvater oder der Maulwurf – der Text bleibt vage – ist „erschüttert angesichts der narben / und krater, all der frisch heraufgeholten // erde jener jahre“. Zwar wird erst ein Maulwurfshügel („heraufgeholten / erde“) beschrieben, jedoch sogleich unterminiert, indem es sich um „erde jener jahre“ handelt, demnach weniger um einen konkreten Hügel, sondern um die Erinnerung des Urgroßvaters an den Krieg „jener jahre“, reflektiert von einer Sprechinstanz aus dem, wie es später heißt, „hier und heute“[18]. Die Verfremdung des Maulwurfs, seines Habitats und seiner Bewegung vollzieht sich überdies mittels einer Tier/Mensch-Analogisierung, das charakteristische Wühlen des Maulwurfs wird den menschlichen Akteuren zugeschrieben. Sie „wühlen“ in einem Schrank und finden darin einen „maulwurfsmantel“ der Urgroßmutter. Die Verquickung spitzt sich dabei insofern zu, als sich der Mensch in das Fell des Tiers kleidet, seine Gestalt nicht annimmt, aber sich doch überstülpt.[19] Das lyrische Ich meint, dass es den Maulwurfspelz „noch rieche“, und diese olfaktorische Wahrnehmung – für Wagner ein wichtiger Bestandteil von Lyrik[20] – synchronisiert sich mit dem anfänglich entworfenen Bild des rollenden Maulwurfs: „während die verirrte kugel / aus samt und panik sich zur andern seite / zu retten sucht, in ein vertrautes dunkel.“[21] Dass es sich hier um den Maulwurf handelt, legt einerseits die Verknüpfung des ‚Kullerns‘ (zu Beginn) mit der „kugel“ (am Ende) nahe, andererseits das Moment der Verirrung, das sich aus dem Kontrast von Helligkeit und Dunkelheit ergibt. Der

16 Jan Wagner: gräber. In: Ders.: *Regentonnenvariationen*. Frankfurt am Main: Fischer 2017, S. 29, V. 1–3.

17 Ebd., V. 3–4.

18 Ebd., V. 5–6, 15.

19 Ebd., V. 10, 15.

20 Wagner konstatiert, ein „gute[s] Gedicht“ dürfe nicht „den Bezug zum Dampfenden, Leuchtenden, Riechenden, Lärmenden, also: zur Welt [...] verlieren“ (Jan Wagner: Neue Texte. In: von Ammon (Hrsg.): *Jan Wagner*, S. 4–6, hier S. 6).

21 Wagner: gräber, S. 29, V. 16–18.

Maulwurf ist zu Beginn konfrontiert mit dem „grelle[n] mittagslicht“, das ihn in „panik“ versetzt, weshalb er sich in die vertraute Dunkelheit flüchtet.[22] Das Dunkel am Ende veranschaulicht das Maulwurfhabitat im Erdreich, aber auch eine semantische Dunkelheit im Sinne einer Unklarheit des Gedichts.
Nicht unähnlich sind die unterirdischen Bauten des Maulwurfs mit ihren Gängen und Kammern denen des Murmeltiers. In *Australien* (2010) widmet Wagner diesem Erdbewohner ein längeres Tiergedicht, das seinen Blick vor allem auf den unterirdischen Bau und die Praktiken des Tiers im Erdreich richtet.

murmeltier

ein pelziges etwas unter der veranda,
ein könig, einsam in seinem palast
aus erde und dunkel, der exakt an die ränder

unserer welt grenzt, wo salate wachsen.
halb sommer und halb winter, hinterläßt
es nichts als sein rätsel: glaubt es, wach zu sein,

während es schläft, sechs monate zusammen-
gerollt zu einem fast perfekten kreis,
seine eigene vorratskammer?

und hält es umgekehrt den ganzen sommer
für nichts als einen traum, in dem das gras
ein bißchen zu grün ist, seine gänge immer

länger werden, alles unterhöhlen,
bis ganze mähdrescher, kühe
und königreiche verschwinden, es auf weichen sohlen

weiterzieht, um einen fremden herrscher
zu stürzen, die in ihre angst gekauer-
ten jungen tötet, fetter wird und stärker,

bis es in einem neuen traum erwacht?[23]

Die Sprechinstanz, die sich in das Kollektiv der Lesenden fügt, beschreibt das Murmeltier über die Jahreszeiten hinweg im Zustand des Winterschlafs/Träumens und des emsigen Grabens unter der Erde. Benannt wird es allein im Titel, im ersten Terzett werden,

22 Wagner: gräber, S. 29, V. 2, 16, 3, 17.
23 Jan Wagner: murmeltier. In: Ders.: *Australien*, S. 36.

synekdochisch eröffnend, Beschreibungen wie „ein pelziges etwas" und „ein könig" verwandt, die das Tier mittels Bildlichkeit sichtbar werden lassen und es zugleich in einen humanen Horizont einrücken, ein royal konnotiertes Feld: das eines Königs im Palast. Die Beschreibung des Tiers changiert zwischen Niedlichkeit („ein pelziges etwas" „auf weichen sohlen") und Rigorosität (es stürzt „einen fremden herrscher", tötet den Nachwuchs seiner Artgenossen). Zur Darstellung kommt das unterirdische Reich, das ein „palast / aus erde und dunkel" ist und in ein territoriales Verhältnis zum Menschen gerückt wird, indem der Bau im Erdreich „exakt an die ränder" der menschlichen Welt „grenzt", etwa an agrarisch genutzte Flächen, „wo salate wachsen". Der Strophensprung („an die ränder // unserer welt") separiert zugleich die Habitate von Tier und Mensch. Das Murmeltier baut, wenn es nicht schläft, beständig seinen unterirdischen Lebensraum aus und „seine Gänge [werden] immer // länger". Das Enjambement vom vierten zum fünften Terzett überträgt diese Verlängerung formal. Durch den Verweis, dass diese Gänge „alles unterhöhlen", wird zum einen die Vitalität des Tiers akzentuiert, zum anderen umreißt die dreiteilige Hyperbel aus „mähdrescher, kühe[n] / und königreiche[n]" dieses mannigfaltige „alles" augenzwinkernd und lässt den Menschen als dem Murmeltier ausgeliefert erscheinen. Das humane, sprechende Subjekt ist angesichts des Erdlings irritiert. Ihm bleibt nur der fragende Modus, der sich indes im Ungewissen verliert.

Wagner widmet sich wiederholt den Bauten von Erdlingen wie Würmern, Maulwurf, Murmeltier und Dachs. Im Gedicht *dachshund* verschiebt sich die Perspektive hin zu der des titelgebenden Tiers selbst. Das Gedicht handelt von einer Jagdszene, die am Ende im Bau eines Erdlings kulminiert. Ein Dachshund folgt der Fährte eines Dachses, „der schwarz und weiß gestreift wie ein lakritz- // bonbon in seinem dunkel sitzt", also im Erdreich. Wie in den anderen Erdlingsgedichten betont Wagner die charakteristische Dunkelheit des animalischen Habitats, die erst am Ende des Texts gebrochen wird. Der Hund dringt in den Dachsbau ein, begibt sich ins Erdreich auf der Spur des anderen, gejagten Tiers: „wie eine rohrpost durch die gänge jagend, / dem scharfen dunst entgegen". Derweil „erstarrt [der Dachs] in seinem mantel aus borsten", „ein plumper, ängstlicher riese, ein gigant". Das finstere Gedicht hält ebendiesen Moment innerhalb des Erdreichs fest, bevor (das Temporale wird durch das Stilmittel des Gedankenstrichs

markiert) der Mensch (in der dritten Person Plural sowie mit Indefinitpronomen) beide Tiere in einer turbulenten Szene an die Oberfläche zieht: „– der augenblick, / bevor sie da sind, lehm und erde bersten, / man ihn und mich nach oben reißt, ins licht.“[24]
Wagner gräbt in den *Regentonnenvariationen* noch weiter ins Dunkel, und zwar in Höhlen. In den Gewässern der unterirdischen Hohlformen lebt ein sonderbarer Erdling, der nahezu farblose, zu den Amphibien zählende Grottenolm. In *grottenolm* wird dieser Lurch als ein seltsames, fast fantastisches Tier dargestellt. Das reimlose Tiergedicht ohne metrisches Schema besteht aus drei nummerierten Strophen unterschiedlicher Länge. Auffällig ist die Verschlankung der Verse in der letzten, längsten Strophe hin zu kurzen Versen, die aus maximal fünf Worten bestehen und formal bzw. formbewusst die schlanke Gestalt des Erdlings reflektieren.[25]

I
kaum wirklicher als das einhorn
und selten wie sphinx oder drache,
für dessen brut man ihn hielt,
als er sich erstmals zeigte, medusenhaupt
im spiegel des baches;
schneeweißer fisch mit vier beinen,
[...]

II
in einem reich ohne licht
und ohne farben, ohne wind,
sitzt der olm, der keine feinde
außer der sonne hat, zarter als die arbeit
von glasbläsern ist, kaum schwerer als ein brief
und leichter als ein schluck wasser.
weiß er nichts von unserer welt
oder weiß er alles? mit einer haut,
so durchlässig, daß er nichts verwehrt
[...], beschränkt er sich
aufs wenige, verzichtet aufs essen,
sogar auf den eigenen schatten.

24 Jan Wagner: dachshund. In: Ders.: *Regentonnenvariationen*, S. 95–96, hier S. 95–96, V. 18–26.

25 Ähnliches beschreibt Osterkamp im Hinblick auf die (formale) Gestalt von Tier und Gedicht in *marder* (Ernst Osterkamp: Ironische Poetologie. Über einige Gedichte von Jan Wagner. In: *Zeitschrift für Germanistik*, Neue Folge XXVIII,2 (2018), S. 234–246, hier S. 236).

III
[...] wo du,
geschmeidiges S,
durch leeren fliegst,
die dir sicher sind,
in päpstlichem weiß
durch höhlen, himmel,
[...]
durch episches dunkel
mit nichts als der uhr
aus tropfendem wasser
und blind wie homer.[26]

Der Grottenolm, dem Menschen ausgesprochen fremd, wird anfänglich in einem Prozess gedanklicher Annäherung in anthropomorphisierende Vergleiche eingebunden: mit einem Fabelwesen, einer mythologischen Figur und einem mythologischen Mischwesen, die ihn im Unwirklichen kontextualisieren („kaum wirklicher"). In der zweiten Strophe folgen weitere Vergleiche (Glasbläserarbeit, Brief, Wasser), die die Schwierigkeit der poetischen Annäherung an das Tier illustrieren. Wie die Gedichte zu Maulwurf, Murmeltier und Dachs das Leben im Dunklen prononcieren, ist auch das Habitat des Olms durch Lichtlosigkeit gekennzeichnet. Die dreifache Wiederholung des Mangels („ohne") hebt die Andersartigkeit des Tiers und seines „reich[s]" hervor. Das lyrische Ich nutzt diverse zivilisatorische Vergleichshorizonte (Glasbläser, Briefe, Papst), um den Grottenolm zu konturieren, und kontrastiert ihn zugleich mit dieser zivilisatorischen Sphäre („weiß er nichts von unserer welt"). Dabei wird dieses Nicht-Wissen des Erdlings just hinterfragt („oder weiß er alles?"), diese Frage verhallt aber zwangsläufig, weil das Tier nicht antworten kann. Der Grottenolm entzieht sich ebenso dem Licht und der visuellen Betrachtung wie dem Verstehen, wie die ins Leere laufende Frage anzeigt. Dennoch versucht sich das lyrische Ich an einer Annäherung, indem es in der finalen Strophe gar ins Du verfällt („wo du", „die dir"), das Tier somit direkt adressiert. Die Flucht in Vergleiche ob der Schwierigkeit der Beschreibung, die anfänglich über mythologische Kontextualisierungen markiert wird, steigert sich zur Reduzierung des Tiers auf einen Buchstaben, das S. Da Wagner in seinen Gedichtbänden kaum jemals Majuskeln nutzt, fällt diese Versalie umso mehr auf. Entzieht sich der Signifikat

26 Jan Wagner: grottenolm. In: Ders.: *Regentonnenvariationen*, S. 73–74, V. 1–52.

ins „epische[ ] dunkel“, greift die Sprechinstanz auf einen Buchstaben zurück, wobei damit allein aufgrund von dessen Form operiert wird (die aber zugleich biegsam, „geschmeidig[ ]“, ist). Sie vergleicht das Tier nicht mit einem Buchstaben seines eigenen Signifikanten (G-R-O-T-T-E-N-O-L-M), sondern mit einem anderen, dem S, dessen Form der des Tiers nahekommt, was eine größtmögliche Reduzierung des Tiers bedeutet. Zudem ist die Analogisierung mit dem Buchstaben bzw. die Verfremdung als fliegendes Schriftzeichen insofern ein seltsamer Bruch, als damit ein optischer Eindruck stark gemacht wird, der dem Erdling selbst entgegengesetzt ist, weil der Grottenolm eben nichts sieht, „blind [ist] wie homer“. Dieser Vergleich bedeutet zugleich zum einen eine Anthropomorphisierung des Erdlings und zum anderen, auch in der Erweiterung mit dem „epische[n] dunkel“, eine (autopoietische) Markierung des Schreibens, indem Schriftzeichen (S) und Schreibender (Homer) im Grottenolm zusammengezogen werden. An *grottenolm* zeigt sich einmal mehr, was für Wagners Erdlingspoesie insgesamt gilt, nämlich dass gerade die poetische Sichtbarmachung des Kleinen und hier des im Verborgenen, im Unterirdischen Lebenden Wagners (ökologische Natur-)Lyrik als ästhetischen Zugriff auf die Welt vorantreibt.[27]

Auch *Steine & Erden*, Jan Wagners neuester Gedichtband, gräbt ins Erdreich, unter „schiefer, obererde, quarz, / grauwacke, mutterboden, schluff“, „granit, kalk, schotter, feinkies, sand“ sowie „basalt und feldspat, mergel, tuff“.[28] Drei der Gedichte des Bandes führen zu Erdlingen, etwa den Wühlmäusen, die wie Maulwürfe viele Meter lange unterirdische Gänge anlegen mit Erde, Pflanzen- und Wurzelresten über den Ausgängen. Der Wühlmaus begegnet man in der Nähe der Karotten im gleichnamigen Gedicht. Auf dem Cover von *Steine & Erden* sind Möhren zu sehen, die flächig nebeneinanderliegen wie an einem Marktstand, in *karotten* dagegen sind sie noch in der Natur, „im boden“ verhaftet. Die erste der fünf Strophen lautet: „bewegen sich immerzu fort von der sonne, / dem erdmittelpunkt entgegen, / nur

27 Zur Sichtbarmachung des Kleinen in der Gegenwartslyrik vgl. Laura M. Reiling: Mikrokosmisches Darstellen. Gewächse-Lyrik von Bossong und Urweider. In: *links. Rivista di letteratura e cultura tedesca / Zeitschrift für deutsche Literatur- und Kulturwissenschaft* 23 (2023), S. 41–52.

28 Jan Wagner: steine & erden. In: Ders.: *Steine & Erden*. München: Hanser Berlin 2023, S. 107–109, hier S. 107–109, V. 26–27, 33, 45.

langsam, sehr beharrlich, sonden / aufs schwarz zu, unterirdische raketen"; als Epiphrase, die die „unterirdische[n] raketen" benennt, folgt als erstes Wort der zweiten Strophe: „karotten". Diese sind formvollendet („wie von einem corbusier / entworfen"), „niemals plump / und prahlerisch", ihnen werden also verschiedene humane Attribute beigefügt. Außerdem sind sie „anachoreten", was einen Vergleich von Ding und Mensch herstellt, sind wie Eremiten: „in ihren löchern hockend".[29] In dieses Erdreich fügt Wagner zwei Erdlinge ein: „zu recht verehrt / von regenwurm und wühlmaus, eine faser / aus wärme, wenn es regnet, wenn es friert, / noch tief im innersten, ein schlückchen wasser // alles, was nötig ist"[30]. Die bewertende, leise übertreibende Sprechinstanz beschreibt die Karotten aus der Perspektive von Wurm und Nagetier, für die sie Nahrung sind. Der recht unscheinbare, minimalistisch skizzierte Perspektivwechsel hin zu den Erdlingen manifestiert sich am Diminutiv des „schlückchen[s] wasser", der die Karotte für die Wühlmäuse bedeutet.

In *Steine & Erden* betrachtet Wagner zudem Nasenbeutler und Biber. Mit *bandicoot* schließt er an seine Betrachtungen im Band *Australien* an, indem das lyrische Ich einerseits ein genuin australisches Tier beschreibt und andererseits einen subjektiven Erinnerungsprozess (des Autors) thematisiert. Das Gedicht beginnt mit diesen, den Gedichttitel verlängernden Versen: „hat sich den ganzen weg von ostaustralien / mir in den sinn geschnüffelt" und endet mit solchen, die eine Zeitspanne explizieren, in der man die Jahre zwischen 2010 (*Australien*) und 2023 (*Steine & Erden*) erkennen mag: „birgt // nach all den jahren, den jahren, die dann noch kamen, / was tief im dunkel meines kopfes lagert, / den schatz, das wort, die nuß, seinen winzigen namen."[31] Wie Wagner den Dachs in *dachshund* als lakritzbonbonhaft vorstellt, wählt er ebendiesen Vergleich auch für den Bandicoot, schafft also bei den Erdlingen ähnliche Bilder: „das Fell wie mit lakrit- / ze übersprenkelt"[32]. Neben der Tiergestalt fokussiert die Sprechinstanz wie bei der übrigen im Erdreich lebenden Fauna das Habitat, wobei der Strophensprung die Vertikale bespielt und das Unterirdische vom Oberirdischen separiert: „spritzbeutelschnäuzig, hüpft aus dem erdgewölbe / voll wurzeln,

29 Jan Wagner: karotten. In: Ebd., S. 18, V. 17, 1–7, 18, 13–14.

30 Ebd., V. 9–13.

31 Jan Wagner: bandicoot. In: Ders.: *Steine & Erden*, S. 86, V. 1–2, 11–14.

32 Ebd., V. 10–11.

beeren, all dem anderen nippes, // von eukalyptusdüften überragt / und regenwald“[33]. Nippes als nicht dem semantischen Feld der Natur zugehöriges Element (wie der Spritzbeutel) irritiert, da Botanisches hierdurch als Zierrat umgedeutet wird.

In *biber*, einem der in Irland lebenden Lyrikerin (u. a. *piano* von 2011) und Wagner-Übersetzerin Eva Bourke zugeeigneten Widmungsgedicht, erfasst das lyrische Ich das unterirdische Habitat des Tiers detailreich. Der Eingang eines Biberbaus liegt, als Schutz vor Feinden, unter dem Wasser, tiefer als der sogenannte Wohnkessel, Biberbauten sind oft mit Ästen bedeckte Erdlöcher an Ufern. Wagner dichtet:

> er mußte irgendwo hier sein, verharrte
> als knoten tief im zentrum seines reiches,
> betrachtete uns, erstarrt wie wir, häreti-
> ker, unbefugte, die von seinen zeichen
>
> nichts ahnten, trotz fernglas und gummistiefel:
> die unsichtbare schrift aus bibergeil
> auf moosen und auf felsen, stauwälle,
> dämme, ein ganzes system, und seine kelle,
>
> die ihn im schatten hielt, auf kurs.
> war dies dort seine burg oder ein chaos
> von totholz? eher cassis, kastanie? groß
> wie warzenscheine oder wie chihuahuas?
>
> der biber ist ein diener zweier welten,
> im wasserjenseits, auf dem waldesboden
> des hier-und-jetzt, und umgekehrt; ins falten-
> gewand der dämmerung gehüllt, ein bote,
>
> ein unterhändler oder fährmann, charon
> im mantelpelz auf seiner fahrt ins nichts,
> und dieser ganze sumpf sein acheron,
> sein styx. die stille hing im fichtendickicht
>
> noch dichter als in sanatorien,
> als wir uns fügten, gingen […].[34]

Sichtbar wird nicht das Tier an sich, obgleich das Gedicht mit dem Pronomen „er“ einsteigt, sondern nur dessen Spur in Gestalt des Baus aus hölzernen Wällen und Dämmen, und sinnlich, olfaktorisch wahrnehmbar wird die „schrift“ auf den Böden. Die Sprechinstanz legt nahe,

33 Wagner: bandicoot, S. 86., V. 7–10.
34 Jan Wagner: biber. In: Ders.: *Steine & Erden*, S. 43, V. 1–22.

dass der Biber aus dem sumpfigen Erdreich eines Fichtenwalds heraus lautlos die Menschen beobachtet; er ist nicht, wie der Bandicoot, in Bewegung, sondern „verharrte / als knoten tief im zentrum seines reiches", kommt im Laufe des Gedichts auch nicht nach oben, aus dem Erdreich heraus. Der Bandicoot dagegen ist in Bewegung, er „hüpft" aus seinem Erdbau, um wenig später zu „hoppel[n]" und sich dann (an etwas Unbekanntes) ‚anzuschmiegen'.[35] Wie Wagners Murmeltier „ein pelziges etwas" ist und vom Maulwurf der Mantel bleibt, begegnet man dem Biber als „charon / im mantelpelz". Wagners Erdlingsgedichte ziehen oft Formen heran, um die Erdlinge ins Werk zu setzen. Ist das Murmeltier ein „fast perfekte[r] kreis" und der Grottenolm ein S, erscheint der Biber als „knoten". Das lyrische Ich fragt mehrfach nach, versucht, das Tier zu sehen/beschreiben, aber stützt sich dabei auf Abstrakta, (wieder) auf mythologische Vergleiche mit Charon, Acheron und Styx. Der hierdurch anthropomorphisierte Biber ist ein Zwischenwesen: Wie der Styx an der Grenze liegt zwischen Hades und Lebenden, ist der Biber „ein diener zweier welten", nicht zwischen Tod und Leben, sondern, stärker bezogen auf die Böden, zwischen Ufer und Wald, die indes aus der Perspektive der Menschen an Land kategorisiert werden: das Wasser als Jenseits, der Waldboden als Diesseits. Der Biber ist nah und fern zugleich, zwar „hier", jedoch nur, was ihn wieder in Distanz rückt, „irgendwo". Es wird das Dunkle als Charakteristikum der Erdlinge betont, heißt es doch bildhaft und wieder formbewusst, das Tier hülle sich „ins falten- / gewand der dämmerung". Wagner verschränkt das Leben im Erdreich mit dem Rätselhaften, Entrückten, dem sich das humane Subjekt nur suchend, fragend – und daran womöglich scheiternd – nähern kann. Obwohl das Tier nicht aktiv wird, hat es Macht über die Menschen, die sich am Ende „füg[ ]en" und von dannen ziehen; der Biber ist letztlich nicht „diener" und „bote", sondern – und das betont seine Agency im Tier-Mensch-Geflecht – ebenso mächtig wie das Murmeltier, der „könig".

Widmet sich Jan Wagner poetisch den Erdlingen, kommen diese fast immer explizit bereits im Gedichttitel vor und sie werden als lebendige Subjekte, teilweise verknüpft mit konkreten Ereignissen, verhandelt. Obgleich Wagner die Erdlinge dezidiert in ihrem Habitat unter der Erde beschreibt, nutzt er parallel dazu Verfremdungen, etwa hinein

35 Wagner: bandicoot, S. 86, V. 7, 11.

in Bereiche wie Militär, Monarchie, Mythologie und Schrift, wodurch sich die per se wenig sichtbaren, zumal oft eher kleinen Tiere entziehen bzw. deren schwere Fassbarkeit ästhetisch durchscheint. Auch die vielen Fragen in den Erdlingsgedichten indizieren sowohl die zentralen Ebenen von Wahrnehmung und Reflexion als auch die Unsicherheit der Annäherung. Das Oszillieren zwischen poetischer Sichtbarmachung und Verfremdung ergänzt Wagner um das zwischen Individuum und Kollektiv, denn obgleich es realiter im Boden vor Erdlingen wimmelt, kommen, abgesehen von den Würmern, die im Erdreich lebenden Tiere bei Wagner im Singular vor. Diesem Fokus auf das einzelne Tier wohnt zum einen etwas Exemplarisches inne, zum anderen lässt er den Erdling, sei er auch noch so unscheinbar, „selten", „zart[ ]", „leicht[ ]" und „durchlässig", in den gedichteten Porträts an sich, als einzelnes bedeutsames und beachtenswertes Lebewesen hervortreten.

(Unterbrochene) Irdische Ökologien

Fehlgeleitete Straßenökologien*

Laura Pappalardo

Nhe'ery singt.[1] Eine Assemblage von Rhythmen, Klängen und Tönen bilden *Nhe'ery* – der Wind, der Gesang der Vögel, die Schritte der

* Dieser Aufsatz konzentriert sich auf das Gebiet der Guarani am Pico do Jaraguá. Er würdigt die vergangenen, gegenwärtigen und zukünftigen Beziehungen zwischen der Guarani-Nation und ihrem Land. Der Essay wurde von einer *Juruá* (mit nicht-indigener Siedler*innenherkunft) geschrieben, die im Guarani-Gebiet geboren und aufgewachsen ist, in der Region, die heute als São Paulo bekannt ist, und die im heutigen Brasilien lebt und lernt – einem Nationalstaat, der die Gebiete der Guarani Mbya und hunderter anderer indigener Völker besetzt und enteignet hat. Als Architektin aus São Paulo habe ich viele Vorurteile, die das Verständnis der räumlichen und kosmologischen Komplexität und Bedeutung des Guarani-Territoriums einschränken, was bedeutet, dass dieser Aufsatz auch bei der Übersetzung an Grenzen stößt. Teil meines Verlernens als Architektin besteht auch in meiner Verantwortung, die Protokolle der Guarani und ihre Selbstbestimmung auf ihrem Land zu respektieren.
Dieser Aufsatz ist in englischer Sprache unter dem Titel „Misperforming Road Ecologies" erschienen in: *CCA. Canadian Centre for Architecture*, 2/2023. https://www.cca.qc.ca/en/articles/issues/31/figuring-territory/89949/misperforming-road-ecologies (Zugriff am 06.03.2025). Ich danke Alexandra Pereira-Edwards für ihre sorgfältige Arbeit als Lektorin dieses Aufsatzes. Ich danke auch Beatrice Perracini Padovan und Thiago Benucci für ihre Vorschläge und Überarbeitungen sowie dem Ruinorama-Kollektiv für die großzügigen Debatten und Begegnungen, die mich gelehrt haben, ernsthaft von Multispezies-Architekturen und räumlichen Praktiken zu lernen. Vor allem danke ich Thiago Guarani Karai Djekupe dafür, dass er sein Wissen und seine Erinnerungen in dem Interview mit Chão Coletivo geteilt hat.

1 Laut dem Guarani-Mbya-Filmemacher und spirituellen Führer Carlos Papá bedeutet *nhe'e* in der Sprache der Guarani Mbya „singen". Es bedeutet auch Geister, Worte und Vogelstimmen. Ich lernte die Bedeutung und Komplexität von *Nhe'ery* in einem Gespräch mit Carlos Papá während des Symposiums „Alteridades Vegetais. Emaranhamentos multiespecíficos com as plantas" (Pflanzenalteritäten. Multispezies-Verflechtungen mit Pflanzen) kennen. Die Veranstaltung brachte indigene und nicht-indigene Forscher*innen, Denker*innen und Wissenschaftler*innen zusammen, um pflanzliche Interaktionen, Allianzen mit nicht-menschlichen Wesen und alternative interdisziplinäre Antworten auf die aktuelle Umwelt- und Klimakrise zu diskutieren. Carlos Papá: Cuidados e cultivos. Alteridades Vegetais. Emaranhamentos multiespecíficos com as plantas, FFLCH-USP, São Paulo, 29.11.2022. In: *YouTube*, 07.12.2022. https://www.youtube.com/watch?v=Gj-R3DDoMdQ (Zugriff am 07.12.2024). Vgl. auch Carlos Papá: Nhe'ery. SELVAGEM ciclo de estudos sobre a vida. In: *YouTube*, 27.11.2021. https://www.youtube.com/watch?v=uGhezj9TOog, und nhe'ery / guarani. In: *selvagemcido*, o. D. https://selvagemciclo.com.br/en/nheery-guarani/ (Zugriffe am 07.12.2024).

Insekten auf den Blättern. *Nhe'ery* erhält alle Wesen des Waldes – einschließlich seiner Bäume, Klänge, Schatten, Nebel, Flüsse, Felsen, Luft, Erde, unterirdischen Lebens und Geister – in Gegenseitigkeit. Wie der spirituelle Führer der Guarani Mbya und Filmemacher Carlos Papá sagt, erfordert das Wissen, wie man in *Nhe'ery* wandelt, eine Harmonie mit jedem umgebenden Element: dem Wind, dem Weg der Ameisen, der Spur der Wildschweine.[2] *Nhe'ery* ist auch *Ka'aguy*.[3] Nach Papá bedeutet *Ka'aguy Rupa* die Existenz einer Atmosphäre über den Bäumen und unter den Bäumen, die als Energie zwischen dem Wald und dem Waldboden fließt.[4] *Nhe'ery* ist der Raum, in dem Nhanderu alles erschaffen hat, was die Guarani für ihre Nahrung und ihr Leben brauchen, ohne von äußeren Einflüssen abhängig zu sein. Mit seinem Nebel und seiner Feuchtigkeit, die von 20.000 verschiedenen Pflanzenarten erzeugt wird und aus bis zu 50 Meter hohen Bäumen und bis zu 18 Meter tiefen Wurzeln besteht, ist *Nhe'ery* der Ort, an dem die Geister baden.[5] (Abb. 1)

Nhe'ery-Infrastrukturen

Ein dichtes, verwobenes Netz von Infrastrukturen hält den Gesang der *Nhe'ery* aufrecht. Wie der Anführer der Guarani Mbya, Timóteo Verá Tupã Popygua, in seinem Buch *A Terra é uma só* erläutert, erschuf Nhamandu das *Xiguyre* (Gürteltier) als einen der ersten Bewohner von *Yvy* (Erde).[6] Die *Xiguyre* gruben das erste Loch in *Yvy*, um ihre Jungen aufzuziehen.[7] Gürteltiere sind geschickte Bodeningenieure. Mit ihren langen und scharfen Vorderklauen können sie in etwa 20 Minuten einen fünf Meter tiefen unterirdischen Tunnel bauen. Nachts, wenn die *Xiguyre* ihre Tunnel zur Nahrungssuche verlassen, bewohnen weitere 70 Arten die Tunnel, wo sie sich ausruhen können, ohne Gefahr zu laufen, gejagt zu werden. Die *Xiguyre*-Tunnel wiederholen sich auf der gesamten ursprünglichen Fläche von 1.300.000 Quadratkilometern des *Nhe'ery* als unterirdische Netzwerke von Multispezies-Fürsorge.

2 Papá: Cuidados e cultivos.

3 Laut Papá bedeutet *Ka'a* Wald oder Kräuter, und *guy* bedeutet Schatten unter den Bäumen. Ebd.

4 Ebd.

5 Ebd.

6 Timóteo Verá Tupã Popygua: *A Terra é uma só*. São Paulo: Hedra 2017, S. 26–29.

7 Ebd.

Abb. 1
Laura Pappalardo: 20.000 verschiedene Pflanzenarten mit Bäumen von bis zu 50 Metern Höhe und Wurzeln von bis zu 18 Metern Tiefe.

Mit den Tunneln der *Xiguyre* verwoben sind auch die der Blattschneiderameisen. Als Expert*innen für den Bau von Pilzkammern, ihrer Hauptnahrungsquelle, unterhalten Blattschneiderameisen komplexe unterirdische Netze für Mobilität und Nahrungsversorgung. Ihre Tunnel unterstützen das Wachstum der Pflanzen und machen den Boden für die Wurzeln durchlässiger. Blattschneiderameisen finden den größten Teil ihrer Nahrung im Streufall, einer zehn Zentimeter dicken Schicht auf dem Mutterboden von *Nhe'ery*. Die Streu bildet ein tiefes Ökosystem mit mikrobiellem Leben, Blättern, Zweigen und Rinden, die sich zersetzen und Humus bilden. Mehr als eine Million Lebewesen bevölkern einen Quadratmeter des Streufalls. *Xiguyre*- und Blattschneiderameisentunnel sind zwei von Tausenden von *Nhe'erys* Boden-Untergrund-Infrastrukturnetzen.

Im 16. Jahrhundert benannten die Kolonisatoren *Nhe'ery* in „Atlantischer Regenwald“ um, ein „Biom“ in „Brasilien“.[8] Die Übersetzung von *Nhe'ery* (der Raum, in dem die Geister baden, in dem die *Xiguyre* ihre Tunnel bauen und der die Lebensweise der Guarani aufrechterhält) in Atlantischer Regenwald (eine Quelle von Ressourcen für kolonialen *Juruá*-Extraktivismus) war eine Methode, mit der der Kolonialismus die Enteignung der Guarani Mbya und anderer als menschlicher Lebewesen aus ihren Territorien vorantrieb.[9]

Im Oktober 1976 wurde *Nhe'ery* in der Umgebung des Pico do Jaraguá von Erdschaufeln zum Schweigen gebracht. Von 1976 bis 1978 zerstörten Maschinen die *Xiguyre*- und Blattschneiderameisen-Tunnel, um die Autobahn Rodovia dos Bandeirantes zu bauen.

Was bedeutet es, eine Straße zu humanisieren?

> Der Gouverneur des Bundesstaates São Paulo, das Verkehrsministerium und DERSA-Desenvolvimento Rodoviário S.A. sind stolz darauf, dem brasilianischen Volk die Rodovia dos Bandeirantes zu übergeben. Die Straße wurde nach dem neuesten Stand der Technik gebaut, um ihren Nutzern maximale Sicherheit zu bieten. Das ist es, was es bedeutet, eine Straße zu humanisieren.[10]

8 ‚Atlantischer Regenwald‘ ist ein kolonialer Begriff. Er stützt sich auf die koloniale geopolitische Aufteilung der Ozeane zur Schaffung eines ‚Atlantischen Ozeans‘.

9 *Juruá* ist der Begriff der Guarani Mbya für „weiß“, „nicht indigen“ oder Kolonisator. Wörtlich übersetzt bedeutet es „bärtige Männer“.

10 DERSA: Rodovia dos Bandeirantes II Seminário DERSA (Seminar, São Paulo, November 1978).

Die am 28. Oktober 1978 eingeweihte Rodovia dos Bandeirantes wurde während der brasilianischen Militärdiktatur mit zwei Fahrbahnen, sechs Fahrspuren und einer Kapazität von 70.000 Fahrzeugen pro Tag für den Verkehr freigegeben. Genau neun Stunden nach Abschluss der Bauarbeiten fuhren der damalige brasilianische Präsident Ernesto Geisel und sein Nachfolger João Batista Figueiredo drei Stunden lang über die 88,46 Kilometer lange Straße und eröffneten sie so symbolisch für den öffentlichen Verkehr.[11] DERSA (Desenvolvimento Rodoviário S. A.), das für den Straßenbau zuständige öffentliche Unternehmen, verteilte 2.200 Einladungen zur Einweihung. Die Veranstaltung fand ihren Höhepunkt am Denkmal für die Bandeirantes, einem 40 Meter hohen Betonturm, wo Geisel in Begleitung des Orchesters von São Paulo das Band durchtrennte und die Rodovia dos Bandeirantes offiziell für den Autoverkehr freigab.[12]

Die Namensgeber der Straße, die Bandeirantes, waren Siedler*innen im 16. und 17. Jahrhundert, die Expeditionen organisierten, um das portugiesische Imperium zu erweitern. Von São Paulo de Piratininga aus, wie die Region, aus der die Stadt São Paulo werden sollte, in den 1550er Jahren genannt wurde, zogen die Bandeirantes über indigene Pfade, um indigene Völker für die Zuckerproduktion, den Transport landwirtschaftlicher Produkte und den Bau portugiesischer Dörfer zu jagen und zu versklaven.[13] Die Bandeirantes versklavten und vertrieben Guarani, Tupiniquim, Guaianá, Tabajara, Tamoio, Temiminó, Guarulhos und Caiapó do Sul, Gemeinschaften, Familien und Nationen, die seit Jahrhunderten in diesen Gebieten lebten und reisten. Der

11 1978: Rodovia dos Bandeirantes é inaugurada para ligar São Paulo a Campinas e desafogar Anhanguera. In: *Folha de S. Paulo*, 28.08.2018. https://acervofolha.blogfolha.uol.com.br/2018/10/28/1978-rodovia-dos-bandeirantes-e-inaugurada-para-ligar-sao-paulo-a-campinas-e-desafogar-anhanguera/ (Zugriff am 07.12.2024).

12 DERSA wurde 1969 gegründet, um das Straßeninfrastrukturnetz im Bundesstaat São Paulo auszubauen.

13 São Paulo liegt vollständig auf dem Gebiet der Guarani. Zwei Guarani-Mbya-Indigenengebiete überschneiden sich mit dem Stadtgebiet von São Paulo: das Jaraguá-Indigenengebiet im nordwestlichen Teil der Stadt und das Tenondé-Porã-Indigenengebiet im Süden von São Paulo. 2021 gab es in der Stadt São Paulo 18 Guarani-Dörfer (sechs davon am Pico do Jaraguá) sowie 16 archäologische Stätten. Im gesamten Bundesstaat São Paulo gab es im Jahr 2021 etwa 85 Guarani-Dörfer und rund 210 archäologische Stätten. Einem Bericht aus dem Jahr 2012 zufolge leben 37 % der indigenen Bevölkerung (324.834 Menschen) in Brasilien in städtischen Gebieten. Vgl. Quantos são? Povos indigenas no Brasil. In: *PIB Socioambiental*, 2021. https://pib.socioambiental.org/pt/Quantos_s%C3%A3o%3F (Zugriff am 07.12.2024).

Name Rodovia dos Bandeirantes wird von Guarani-Aktivist*innen und -Führer*innen, die die koloniale Gewalt anprangern, welche die Straße aufrechterhält, nach wie vor heftig kritisiert. Rodovia dos Bandeirantes ist eine Hommage an die völkermordenden Kolonisator*innen.
Seit 1500 haben Mobilitätsinfrastrukturen die koloniale Expansion der Siedler*innen in Brasilien konkretisiert. Der Wahlkampfslogan des Bürgermeisters und Gouverneurs von São Paulo sowie brasilianischen Präsidenten Washington Luís aus dem Jahr 1920 lautete „Regieren heißt, Straßen zu eröffnen".[14] Die Rodovia dos Bandeirantes, als Teil eines größeren Netzes von Staats- und Bundesstraßen, fragmentierte *Yvyrupa*.[15] *Yvyrupa* bestimmt die Ausdehnung des traditionellen Territoriums der Guarani Mbya. Für die Guarani bedeutet *Yvyrupa* eine Welt ohne Grenzen sowie die Ablehnung von Grenzen, die von Nationalstaaten auferlegt werden.[16] Es war auch der Name des Guarani-Gebiets vor der Ankunft der Siedler*innen. Auf dieser terrestrischen Plattform ist die Verwandtschaft der Guarani durch räumliche Mobilität als fließende Migration strukturiert – durch kontinuierliche Netzwerke und den Austausch von Nachrichten, Saatgut, Ritualen und Pflanzen für traditionelle Medizin.[17] Verwoben als menschliche und nicht-menschliche Mobilitätsinfrastrukturen – wie z. B. indigene Pfade, die Guarani-Dörfer miteinander verbinden und kleine Pfade in Wechselwirkung mit Waldinfrastrukturen eröffnen – konnten diese Mobilitätsnetzwerke koexistieren, ohne die umliegende *Nhe'ery* abzuholzen.

14 Während seiner Amtszeit als Gouverneur baute Washington Luís im Bundesstaat São Paulo 1.326 Kilometer neue Straßen. Vgl. Abrãho de Oliveira: Governar é abrir estradas. Washington Luís, o terceiro prefeito de São Paulo. In: *São Paulo in foco*, 02.05.2014. https://www.saopauloinfoco.com.br/terceiro-prefeito-washington-luis/ (Zugriff am 07.12.2024).

15 *Yvyrupa* kann mit „terrestrische Stütze" oder „terrestrische Plattform" übersetzt werden: *Yvy* bedeutet *terra* (Erde) und *rupa* bedeutet Stütze, Plattform oder Ort der Beständigkeit. *Yvyrupa* kann auch mit „verkörperte Erde" oder „Erde als Körper" übersetzt werden. Vgl. Daniel Calazans Pierri: A Caminho do sol. In: Dominique Tilkin Gallois / Valéria Macedo (Hrsg.): *Nas Redes Guarani. Saberes, traduções e Ttransformações*. São Paulo: Hedra 2018, S. 35–47, hier S. 35.

16 Maria Inês Ladeira: Comunicação, convívio e permuta em Yvy vai. In: Tilkin Gallois / Macedo (Hrsg.): *Nas Redes Guarani*, S. 223–236, hier S. 266.

17 Spensy Pimentel: *Relatório circunstanciado de identificação e delimitação da terra indígena Jaraguá*. Brasília: Funai / Ministério da Justiça 2009, S. 55.

Wenn für die Guarani die terrestrische Plattform eine unbegrenzte ist, dann sind Straßen so schädlich wie die Grenzen von Nationalstaaten. Autozentrierte Straßen – wie die Rodovia dos Bandeirantes – zerbröseln *Yvyrupa*.

Der Bau der Rodovia dos Bandeirantes bedeutete auch die Beseitigung von 51,5 Millionen Kubikmetern Erde und Wald.[18] Technische Architektur- und Ingenieurzeichnungen stellen den Atlantischen Regenwald als leer dar, wodurch *Xiguyre*-Tunnel und die Guarani-Mbya-Familien, die den Wald des Pico do Jaraguá bewohnten, ausgelöscht werden und die unsichtbaren und ungezählten Enteignungen indigener und mehr-als-menschlicher Bewohner*innen ermöglicht wurden. (Abb. 2)

Die Rodovia dos Bandeirantes übernahm die Rolle der territorialen Finanzierung. Einem Bericht von DERSA zufolge bestand das Hauptziel der Rodovia dos Bandeirantes darin, neue Entwicklungspole entlang der Straßenränder zu schaffen.[19] Ein fast 21.000 Meter langer Teil des Bauwerks sollte mitten durch die Guarani-Dörfer rund um den Pico do Jaraguá führen, wodurch Häuser auf verschiedene Seiten aufgeteilt wurden. In der Zwischenzeit schuf die Regierung von São Paulo ein Gesetz zur Regulierung des Straßengebiets, das Raum für Gewerbegebiete, Dienstleistungszonen und für die Logistik bestimmter Gebiete vorsah.

In den Jahren nach der Einweihung der Straße verdrängte der Lärm von Autos und Lastwagen, Buslinien, Lagerhäusern und Immobilienhochhäusern die Häuser der Guarani, den Wald und die Gebiete für Fischerei und Jagd. Immobiliengesellschaften verkauften Gebiete, die lange Zeit von den Guarani genutzt wurden, an private Käufer*innen und verwandelten die angestammte *Nhe'ery* in zum Verkauf stehende Grundstücke.[20] Thiago Guarani Karai Djekupe, Architekt und Guarani Mbya-Führer aus dem Tekoa Yvy Porã im indigenen Land Jaraguá, beschreibt, wie sich seine Familie vor dem Straßenbau frei bewegen konnte:

18 Allein im ersten Abschnitt, wo sich der Pico do Jaraguá befindet, schätzt DERSA, dass monatlich 400.523 Kubikmeter Erdreich extrahiert werden.

19 Gen Enio dos Santos Pinheiro: *DERSA. Sua Evolução técnica e histórica*. São Paulo: DERSA 1982.

20 Camila Salles: *A Luta Guarani pela terra na metropole paulistana. Contradicoes entre a propriedade privada capitalista e a apropriacao indigena*. Dissertation, Universität São Paulo, 2017.

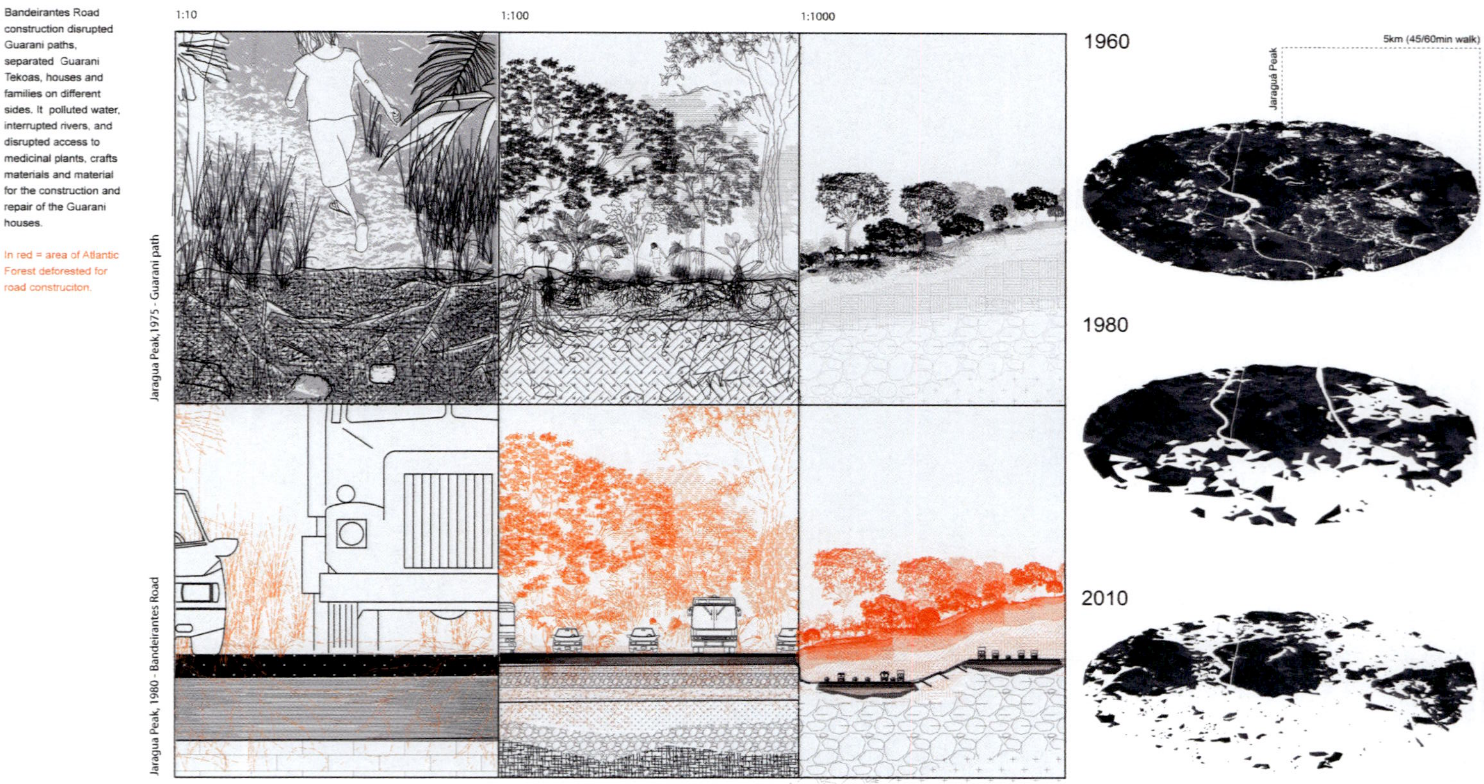

Abb. 2: Laura Pappalardo: Abholzung und Bodenabbau für den Bau der Rodovia dos Bandeirantes.

> Bevor es diese Straße gab, sind mein Großvater, meine Onkel und meine Eltern hier immer unbehindert herumgelaufen. Bevor meine Großeltern hierherkamen, um in Tekoa Ytu zu bleiben, lebte André Samuel auf der anderen Seite der Rodovia dos Bandeirantes. Auf dieser Seite gab es Quellen, Jagdgründe und Tiere, und dann bauten die Juruá die Straße. Es gab keinerlei Studie über die Auswirkungen, die Auswirkungen auf die Gemeinde und auf die Umwelt. Mit der Zeit konnten wir die Auswirkungen der Straße sehen, sowohl die des Tributs, der den Bandeirantes gezollt wurde, als auch die der Zahl der Menschen, die von Autos überfahren wurden. Die Straße brachte eine Menge Lärm mit sich: Menschen, die auf dieser Seite der Autobahn in die Gemeinde eindrangen, und auch die Lastwagen, wenn sie vorbeifahren und ihre Reifen platzen, was die Häuser zum Wackeln brachte. Der Straßenlärm ist ununterbrochen, vor allem nachts, wenn wir etwas leiser sein müssen, ist der Lärm der Straße viel lauter. Das ist unangenehm, es behindert unsere Gebete und Zeremonien. Die Juruá dringen mehr und mehr in unser Gebiet ein.[21]

Die Straße, die auf einem abgeholzten Teil des Atlantischen Regenwalds gebaut wurde, unterbrach die Mobilitätsströme der Guarani und anderer-als-menschlicher Tiere wie Wildschweine, Ameisen, Bienen und Gürteltiere, um Raum für Autos, Menschen und (weiß-zentrierte) *Juruá*-Mobilität zu schaffen. Der zehn Zentimeter dicke *Nhe'ery*-Streufall von mehr als einer Million Einwohner*innen wurde durch eine zehn Zentimeter dicke Monokultur aus Asphalt unfruchtbar gemacht. Trotz des Anspruchs der Straße, die modernste und sicherste Infrastruktur zu sein, war sie nur für einen ausgewählten Teil der Bevölkerung sicher und ‚humanisiert'. (Abb. 3)

Guarani Mbya urbane Waldinfrastrukturen in São Paulo

Die Guarani-Gemeinschaften im indigenen Land Jaraguá organisieren sich seit langem gegen die koloniale Gewalt des Straßenbaus.[22] Anfang der 1980er Jahre organisierten Gruppen von Guarani-Führer*innen, spirituellen Führer*innen und *Xondaros* und *Xondarias* (junge Guarani, die an vorderster Front der politischen Aktionen und des

21 Interview von Thiago Guarani Karai Djekupe mit dem Chão coletivo im Mai 2022 für das Projekt „Memórias, saberes e técnicas construtivas dos Guarani Mbya na Terra Indígena do Jaraguá" (Erinnerungen, Wissen und Bautechniken der Guarani Mbya im indigenen Land von Jaraguá), an dem Djekupe auch beteiligt ist.

22 Aktivist*innengruppen der Guarani aus dem Süden und Südosten Brasiliens haben eine kollektive indigene Organisation namens Guarani Yvyrupa Commission (CGY) gegründet, die sich für die Anerkennung der territorialen Rechte der Guarani einsetzt.

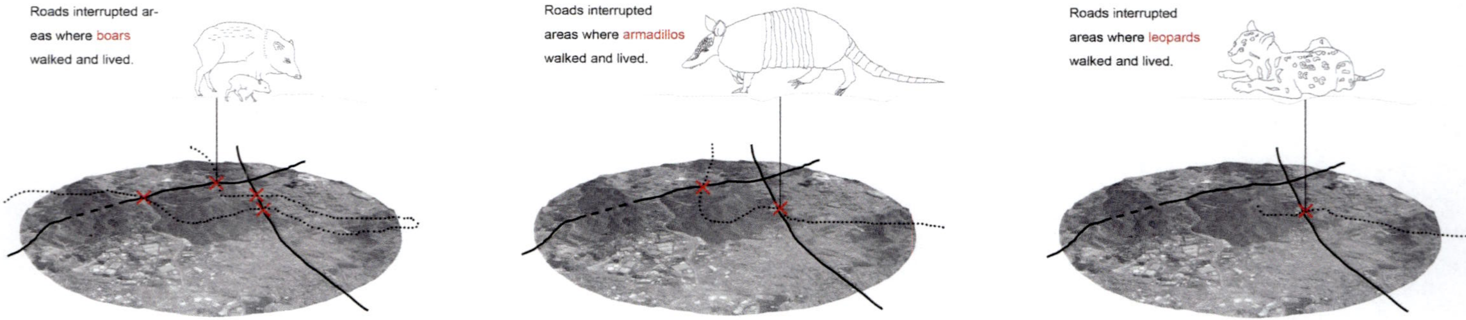

Abb. 3 a–c: Laura Pappalardo: Die Rodovia dos Bandeirantes unterbricht mehr-als-menschliche Wege.

Widerstands stehen) Bewegungen, die die Regierung dazu drängten, indigene Gebiete auszuweisen.[23] Proteste in den Jahren 2013 und 2019 behinderten den Zugang zur Rodovia dos Bandeirantes und nutzten dieselben Infrastrukturnetze, die ihr Gebiet unterteilen, als Taktik des Widerstands. Laut Thiago Guarani Karai Djekupe:

> Wir sind Hüter des Landes, nicht Landeigentümer. Wir schützen das Land, weil wir ein Teil von ihm sind. Als wir 2013 die Rodovia dos Bandeirantes besetzten, geschah dies mit dieser Absicht. Wir haben gewissermaßen das Leben der Juruá einen Tag lang gestört, aber wie viele Tage lang haben sie unser Leben gestört? […] Wir haben die Rodovia dos Bandeirantes dicht gemacht, um zum Nachdenken anzuregen. Aber die Medien kriminalisierten uns noch mehr, indem sie sagten, wir hätten kein Recht, das Kommen und Gehen der Leute zu stören. Aber was ist mit unserem Kommen und Gehen? Das ist vom Staat in dieser Struktur nicht garantiert. Die Straße von Anhanguera, die Straße von Rodoanel und die Rodovia dos Bandeirantes schließen unser Gebiet ein und halten uns in einer Situation gefangen, in der wir andere Lösungen finden müssen, wir als Ganzes, als unser Guarani-Leben, als unser Vogelleben, als unser Tierleben, das Leben aller, die hier sind. Selbst die Bäume werden eingeschränkt, wenn sie ihre Samen aussäen und verbreiten müssen, sie werden eingeschränkt, weil die Straße dies verhindert. Die Besetzung der Rodovia dos Bandeirantes war ein Versuch, eine Reflektion herbeizuführen, die vielleicht noch zu langsam ist, als dass die Juruá sie annehmen könnten. Aber es war ein Akt des Widerstands durch unser Volk.[24]

Dieser Widerstand äußert sich auch in der Förderung von Multispezies-Straßenbau. In den Guarani-Dörfern Ytu und Yvy Porã im indigenen Land Jaraguá haben die Guarani-Gemeinschaften die Bieneninfrastruktur wieder aufgebaut. Ab 2021 züchten die Guarani-Dörfer im Jaraguá-Gebiet 28 Bienenvölker und sieben verschiedene Bienenarten ohne Stachel. Im Gegenzug kreieren die Bienen Luftstraßen und bestäuben Gebiete, die fünf bis zehn Kilometer vom Pico do Jaraguá entfernt liegen.[25] Der langfristige Aktivismus und Widerstand der Guarani Mbya in São Paulo und die Schaffung von Guarani-Infrastrukturen wie Netzwerke für den Austausch von Saatgut zwischen Guarani-Dörfern

23 Lucas Keese dos Santos: *A Esquiva do xondaro. Movimento e ação política entre os Guarani Mbya.* Rio de Janeiro: Elefante 2021, S. 255.

24 Thiago Guarani Karai Djekupe im Interview mit dem Coletivo Chão, Mai 2022.

25 Podiumsdiskussion mit Marcio Boggarim Wera Mirim und Tiago Barros: Abelhas-sem-ferrão. Biodiversidade, cultura e tradição indígena, Sesc Itaquera, São Paulo, 28.04.2021. In: *YouTube*, 28.04.2021. https://www.youtube.com/watch?v=Hg9FN1qiwmM (Zugriff am 07.12.2024).

und Praktiken der Wiederaufforstung sind der Hauptgrund dafür, dass der Atlantische Regenwald in der Stadt noch existiert.

Instandhaltung der Risse

Die letzte Maßnahme vor der Einweihung der Rodovia dos Bandeirantes war ihre Reinigung. Die Straßen werden kontinuierlich instandgehalten. Wie einer der für den Straßenbau zuständigen Ingenieure beschreibt:

> Wenn du eine Straße baust, machst du den Straßenbelag. Man bereitet den Untergrund vor und verdichtet ihn zu einer von der Erde getragenen Basis, gefolgt von einer Zwischenschicht und der Deckschicht. Was bei der Rodovia dos Bandeirantes geschah: Die Bauarbeiter setzten größere Steine in den Straßenbelag ein, wodurch sich zwischen den Steinen Lücken bildeten, in denen sich Wasser ansammelte. Das Gras, das am Straßenrand gepflanzt wurde, wuchs mit seinen Wurzeln in die Hohlräume zwischen den Steinen, um an das Wasser zu gelangen, das sich zwischen dem Asphalt befand. Auf der gesamten Ausdehnung der Rodovia dos Bandeirantes wuchs Gras am Rand. Die Graswurzeln verstopften den Wasserabfluss an der Seite der Straße. Als sich das Wasser, das sich zwischen dem Asphalt befand, erhitzte, verlor der Asphalt seine Haftung am Boden. Der Asphalt begann zu reißen. Wir mussten das gesamte Entwässerungssystem der Straße erneuern.[26]

Konstruktionsprobleme und unvorhergesehene Systemausfälle gehören zum Alltag im Straßenbau. Rasenbeschneiden, Schuttbeseitigung, Handbeschnitt von Pflanzen, Mähgut vom Lkw entfernen, abdecken der Straßenränder mit Grasplatten, reinigen und freimachen von Rinnen, Gräben und Böschungen sowie Kontrolle des Zustands von Kontrollkästen halten den Straßenverkehr am Laufen. Die Verkehrsteilnehmer*innen sind auf die Arbeiter*innen angewiesen, die die Straßenschilder frei halten. Wenn man eine Straße aus der Perspektive der Arbeiter*innen sieht, die sie bauen und instand halten, wird deutlich, wie zerbrechlich und brüchig Straßen sind. Wenn man sich den täglichen Bau und die Instandhaltung von Straßen vor Augen führt, entmystifiziert man sie auch als unveränderbare, unbewegliche Infrastrukturen. Stattdessen können Straßen als Infrastrukturen betrachtet werden, die ständig neu gestaltet und umkämpft werden.

26 Interview mit José Eduardo Franco, Juli 2022.

Straßen als kollaborative Infrastrukturen

Wie viele räumliche Perspektiven und Kosmologien bleiben als blinde Flecken in der Architektur- und Stadtplanungspraxis übrig, wenn nur weiße und *Juruá*-Standards berücksichtigt werden? Wie der DERSA-Bericht über den Bau der Rodovia dos Bandeirantes zeigt, bedeutet die Erstellung einer architektonischen Zeichnung, dass man entscheiden muss, was man darstellen und was man auslöschen will. Als Architekt*innen, Stadtplaner*innen und Ingenieur*innen die Präsenz des Atlantischen Regenwalds aus den „technischen Zeichnungen" – Schnitten, Plänen und Perspektiven – löschten, um die Rodovia dos Bandeirantes zu bauen, konzipierten sie auch die Enteignung von Guarani und mehr-als-menschlichem Leben, Land und Infrastrukturen. Architekturzeichnungen entwerfen nicht nur die statische Form eines Gebäudes, sondern auch mehrere Beziehungsebenen: Arbeit auf der Baustelle, Erdabtrag, Materialtransport, Abwasser- und Stromanschlüsse, Wartungsanforderungen. Eine Linie in einem Plan ist physisch in bestimmten Territorien verortet, in denen komplexe Beziehungen zwischen Körpern, Kulturen, Affekten und politischen Interessen koexistieren und kollidieren. Wenn architektonische Zeichnungen auch dazu dienen, die Aufrechterhaltung von Leben und territorialen Beziehungen mit einer Reihe von Akteuren (öffentliche und private Interessen, Raumordnungsgesetze und Gerichtsentscheidungen) zu verhandeln, wie können dann architektonische Dokumente die Aufrechterhaltung des Atlantischen Regenwalds, der Landrechte der Guarani und Multispezies-Fürsorge gewährleisten?

Die Ersetzung, Zerstörung oder Unterbrechung indigener und nichtmenschlicher Infrastrukturen durch eine *Juruá*-Infrastruktur, die den Verkehr von Autos, Lastwagen und Bussen erleichtert, ermöglicht die Fortsetzung der kolonialen Gewalt in Brasilien in der Gegenwart. Nichtsdestotrotz fordern Guarani-Gemeinschaften in und außerhalb von São Paulo ihre territorialen Pfade zurück und gestalten Guarani-Geografien jeden Tag neu, indem sie alternative Infrastrukturmodelle für und außerhalb von Städten vorschlagen.

In diesem Aufsatz wird dafür plädiert, dass Stadtplaner*innen und Architekt*innen von Multispezies-Infrastrukturen lernen. Jede*r Waldbewohner*in hat sein eigenes Geflecht von engen Beziehungen. Die von den Guarani-Gemeinschaften in Jaraguá gepflegten Verflechtungen von Mensch-Biene-Interaktionen, die Gürteltiertunnel und die von Blattschneiderameisen gebauten Pilzkammern sind nur einige wenige räumliche Praktiken, die Anhaltspunkte dafür liefern können, wie Architekt*innen und Stadtplaner*innen an der Seite von bestehenden kollaborativen Infrastrukturen gestalten können – Infrastrukturen des „Making with".[27] Wenn, wie der brasilianische Präsident Washington Luís sagte, „regieren heißt, Straßen zu eröffnen", welche anderen Formen des Regierens könnten stattfinden, wenn Multispezies-Straßen im Zentrum der Infrastruktur und der Stadtplanung stünden? Wenn Straßen Einflussachsen für die Stadt sind, die um sie herum wachsen wird, welche anderen Städte könnten dann um Multispezies-Straßen herum gebaut werden? Keine Infrastruktur wird gebaut, gewartet oder funktioniert ohne tägliche Kollaboration. Die Grenzen von Begriffen wie ‚Straße' und ‚Infrastruktur' zu verkomplizieren, eröffnet Räume für Straßen jenseits automobiler Monokulturen, als kollaborative Infrastrukturen der Fürsorge.

Aus dem Englischen von Jessica Ullrich

27 Donna Haraway formuliert es so: „Sympoiesis is a simple word; it means 'making-with.' Nothing makes itself: nothing is really auto-poietic or self-organizing." (Donna Haraway: *Staying with the Trouble. Arts of Living on a Damaged Planet*. Minneapolis: U of Minnesota P 2017, S. 25.)

Von Insekten lernen

Über metamorphische Erdbeziehungen und Interspezies Care

Nina-Marie Schüchter

Laut Bundesministerium für Umwelt, Naturschutz, nukleare Sicherheit und Verbraucherschutz sind in Deutschland etwa 48.000 Tierarten bekannt, davon sind 33.000 Insektenarten nachgewiesen. Insekten machen demnach einen beeindruckenden Anteil von 70 % aus.[1] Ihre Präsenz in der Tierwelt steht jedoch in großer Diskrepanz zu der Wertschätzung, die ihnen von Menschen entgegengebracht wird. Der Stellenwert von Insekten in unserer Gesellschaft ist als prekär zu beschreiben, sie werden mit Unbehagen oder Ekel in Verbindung gebracht, als ‚Ungeziefer' bezeichnet und aus unserem Alltag – nicht nur mit toxischen Substanzen – eliminiert. Die gesellschaftliche Abneigung und negative Konnotation zeigt sich nicht zuletzt auch in der Debatte um ihr Potenzial als zukünftiges nachhaltiges Lebensmittel und „Proteinquelle der Zukunft"[2]. Denn Insekten als Nutztiere produzieren im Vergleich zur Schweine- oder Rinderzucht weit weniger Treibhausgasemissionen und können als alternativer und nachhaltiger Proteinlieferant, neben In-vitro-Fleisch und pflanzenbasierten Fleischersatzprodukten, zur weltweiten CO_2-Reduktion beitragen.[3] Die Abneigung gegen ‚Krabbeltiere' offenbart sich auch in parteipolitischen Positionierungen, wie etwa die folgende polemische Zuspitzung, die Markus Söder am

1 Was sind Insekten? In: *Bundesministerium für Umwelt, Naturschutz, nukleare Sicherheit und Verbraucherschutz*, 05.07.2023. https://www.bmuv.de/FA997 (Zugriff am 27.09.2024).

2 Pegau Walch-Nasseri: Insekten als Futtermittel. Die Mast der Maden. In: *Zeit Online*, 10.10.2022. https://www.zeit.de/wissen/umwelt/2022-09/insekten-futtermittel-nutztiere-proteine-nachhaltigkeit (Zugriff am 19.10.2024).

3 Umweltbundesamt (Hrsg.): Die Zukunft im Blick. Fleisch der Zukunft. Trendbericht zur Abschätzung der Umweltwirkungen von pflanzlichen Fleischersatzprodukten, essbaren Insekten und In-vitro-Fleisch, August 2019. https://www.umweltbundesamt.de/sites/default/files/medien/1410/publikationen/2020-06-25_trendanalyse_fleisch-der-zukunft_web_bf.pdf (Zugriff am 10.10.2024).

22. Februar 2023 in seiner Rede zum Politischen Aschermittwoch anführte, illustriert: „Vor drei Jahren hieß es: Rettet die Bienen und jetzt: Futtert die Käfer! Wir essen lieber Schweinsbraten statt Insekten und Madenmüsli. Und wenn ihr das wollt, liebe Grüne, dann könnt ihr das Zeug selber fressen."[4] Sowohl lebend als auch als Nahrungsquelle scheint das Potenzial dieser nicht-menschlichen Wesen nicht erkannt zu werden. Damit hängt auch das massive Insektensterben zusammen, das, hervorgerufen durch anthropogene Erdveränderungen, zu verzeichnen ist und Auswirkungen auf das gesamte Ökosystem hat, während es nur langsam in das gesellschaftliche Bewusstsein eintritt. Dabei sind die Auslöser des Rückgangs von Insekten sehr konkret benennbar: die Methoden der monokulturellen Landwirtschaft, u. a. der Einsatz von Insektiziden und Herbiziden, Entwaldungen, die globale Mobilität von invasiven Arten, Nitrifikation und Verunreinigungen unterschiedlichster Art – beispielsweise auch Lichtverschmutzung – sowie die zunehmende Verstädterung. Vor allem in Gebieten mit hoher menschlicher Aktivität, in denen mehrere Stressoren zugleich auftreten, ist der Insektenrückgang am stärksten zu verzeichnen.[5]
Insekten spielen für die terrestrische Gemeinschaft, als gigantische Gruppe an Erdlingen, jedoch eine zentrale Rolle – nicht nur als nachhaltige Nahrungsquelle – und können mit ihrer Wandlungs- und Anpassungsfähigkeit als Denkfigur für metamorphische Erdbeziehungen und eine queere Perspektivierung auf das Leben in der von Bruno Latour und Peter Weibel erdachten sogenannten Critical Zone stehen.[6] Dieser Vorschlag findet sich konkretisiert in der Arbeit *Metamorphosis* (2020) des international agierenden, kollaborativ und dezentral arbeitenden Netzwerks The Institute of Queer Ecology (IQECO), die in der Ausstellung *THE EARTH DOES (NOT) NEED US. The Institute of Queer Ecology im Dialog mit Joseph Beuys* (23.06.2024–05.01.2025) in Schloss Moyland in Kleve zu sehen war. Die Videoarbeit, die in

4 Markus Söder, zit. n. Elisabeth Raether: Insekten in Lebensmitteln. Mmmmmh. In: *Zeit Online*, 18.03.2023. https://www.zeit.de/2023/12/insekten-lebensmittel-eu-markus-soeder-die-gruenen-ernaehrung (Zugriff am 18.10.2024).

5 David L. Wagner / Eliza M. Grames / Matthew L. Forister / May R. Berenbaum / David Stopak: Insect Decline in the Anthropocene. Death by a Thousand Cuts. In: *Proceedings of the National Academy of Sciences* 118,2 (2021), e2023989118. https://doi.org/10.1073/pnas.2023989118 (Zugriff am 06.03.2025), S. 2.

6 Vgl. Bruno Latour / Peter Weibel (Hrsg.): *Critical Zones. The Science and Politics of Landing on Earth.* Cambridge, MA: MIT Press 2020.

Prelude: Serotiny (Episode 0), Grub Economics (Episode 1), Liquidation in the Pupal Stage (Episode 2) und *Emergence (Episode 3)* unterteilt ist, schlägt nicht weniger als eine Umstrukturierung tradierter Vorstellungen der Welt vor.[7] Die bezifferte Teilung der Arbeit ist dabei kein Zufall, sondern greift die Phasen des Lebenszyklus von sogenannten holometabolischen Insekten auf, deren Leben von der Larve über die Häutung zur Puppe bis zum Schlüpfen des Insekts reicht. Ausgehend von dieser metaphorischen Transformation entwirft IQECO eine neue Utopie der Weltbeziehung, die nicht mehr auf ausbeuterischen Praktiken basiert, sondern im Sinne eines *caring* fürsorgliche, vernetzende und regenerative Praktiken für das Zusammenleben aller Spezies in der Critical Zone vorschlägt. Im Sinne einer „Interspecies Future"[8] wird somit eine Zukunft erdacht, die allen Arten gerecht wird und auf „Interspezies Care"[9] basiert. Der Beitrag nimmt vor diesem Hintergrund die Rolle von Insekten in der Critical Zone für das Entwerfen neuer Erd-Utopien in der Arbeit *Metamorphosis* in den Blick.

Metamorphosis (Episode 0–3)

In den vier Teilen von *Metamorphosis* finden sich Bilder unterschiedlicher Herkünfte und Kontexte wieder: computergenerierte Umwelten in bunten Farben, gefilmte Landschaftsaufnahmen, (natur-)wissenschaftlich anmutende Diagramme und Schaubilder sowie Zeichentrickelemente. Die verschiedenen Bilder lösen sich nacheinander ab und überlagern sich teilweise in schnellen Überblendungen. Die oftmals rapide Bildfolge korrespondiert dabei mit dem schnellen Wechsel der Tonspur. Alles hängt miteinander zusammen: das fließende Ineinanderübergehen der Bilder findet im Gesagten der Off-Stimme seine Entsprechung, die visuellen Elemente untermauern wiederum die scheinbare Evidenz der getroffenen Aussagen. Aufgebaut wie ein

7 Vgl. hierzu auch das Interview von Timo Skrandies mit Lee Pivnik und Nicolas Baird vom IQECO: Timo Skrandies / Lee Pivnik / Nicolas Baird: Wir sind Teil der Biosphäre und nicht ihr Zentrum. In: Judith Waldmann (Hrsg.): *THE EARTH DOES (NOT) NEED US. The Institute of Queer Ecology im Dialog mit Joseph Beuys.* Ausstellungskatalog. Bedburg-Hau: Museum Schloss Moyland 2024, S. 136–149.

8 Vgl. K. Allado-McDowell / Julia Kaganskiy / Bettina Kames / Corinne Mynatt: *Interspecies Future. A Primer.* Berlin: Distanz 2024.

9 Vgl. Rachel Adams: The Art of Interspezies Care. In: *New Literary History* 51 (2020), S. 695–716.

dokumentarischer, reich bebilderter Lehrfilm erklären die unterschiedlichen Stimmen, die aus dem Off zu hören sind, den Zustand unserer Welt und reflektieren die Rolle von Insekten in ihr. Das Verweben von unterschiedlichen Kontexten und Multikausalitäten lässt die Betrachtenden dabei überfordert zurück.

Im ersten Video *Prelude: Serotiny (Episode 0)* wird etwa die starke Reduzierung der Artenvielfalt als dystopische Gegenwartsdiagnose eröffnet und mit Bildern von Waldbränden und gerodeten Landschaftsszenerien, die mit der Macht von multinationalen Konzernen und ihrer Verantwortung für die Klimakrise in Zusammenhang gestellt werden, als Drohszenario eingeführt. Dabei wird Feuer als älteste Technologie der Menschen benannt, das gegenwärtig vor allem im Amazonasgebiet „zu einer Waffe des kolonialen Genozids und Ökozids umgemünzt“[10] wird. Der Titel *Serotiny* lässt sich ebenfalls in diese Richtung deuten. Das im Deutschen als Serotinie bezeichnete Verhalten von einigen Pflanzenarten, umschreibt die zum Schutz und als Überlebensstrategie dienende Aufbewahrung von Samen in Zapfen oder einer holzigen Hülle, die sich bei Feuer durch Harz verschließt und erst nach Bränden bei Kontakt mit Feuchtigkeit freigesetzt wird und das Fortleben der Pflanze ermöglicht. *Serotiny* kann im Kontext der Waldbrand- und Feuerthematik als Metapher für Hoffnung und als Plädoyer dafür gelesen werden, sich von (Überlebens-)Strategien anderer Wesen inspirieren zu lassen, um so eine konstruktive und andere Beziehung zur Erde zu gestalten. In *Grub Economics (Episode 1)* werden ebenfalls die negativen Auswirkungen eines ausbeuterischen Kapitalismus zum Thema gemacht und mit hungrigen, gierigen Raupen gleichgesetzt. Das Larvenstadium wird dabei als temporär und zwangsläufig gefräßig dargestellt und entspricht somit der Unersättlichkeit des Kapitalismus. Nach dem Raupenstadium des Tiers folgt jedoch ein kompletter Umbau des Mechanismus, was mit dem Ende der destruktiven Tendenzen und ‚gefräßigen Ökonomien‘ als neues Verständnis für die Natur eröffnet wird. In *Liquidation in the Pupal Stage (Episode 2)* wird daran anknüpfend für die Anerkennung des Werts der Insektenleben appelliert, um dem Ziel näher zu kommen – kongruent zur Auflösung des Puppenstadiums – ‚weniger menschlich‘ zu werden. Das Bild der „aufgelösten,

10 Vgl. *Metamorphosis | Prelude: Serotiny (Episode 0)* (US 2020, R: IQECO).

von ihrem Kokon geschützten Raupe"[11] dient hier „zur Veranschaulichung eines komplexen Problems: die Verdichtung von Macht und Kapital durch eine globale Oligarchie"[12]. Die Idee einer Multi-Spezies-Utopie wird dem gegenübergestellt und als Alternative erdacht. In dieser orientiert sich der Mensch an der Existenzweise metamorphischer Insekten, die ihren Körper und ihre Lebensart immer wieder neu modellieren und anpassen können. In *Emergence (Episode 3)* wird das Thema der Reproduktion fokussiert, die mit biopolitischer Kontrolle als Grundfeste des Kapitalismus zusammenhängt. Ebenso wie Donna Haraway „Make kin, not babies"[13] postuliert – somit dazu auffordert, in Verwandtschaft mit anderen Lebewesen zu treten und nicht unbedingt neue Wesen zu produzieren –, wird in der dritten Episode von *Metamorphosis* Queerness als Vision für eine neue Erdbeziehung vorgeschlagen. Dabei wird auf den Begriff der *queer futurity* von José Esteban Muñoz Bezug genommen, den er in seinem Buch *Cruising Utopia* (2009) bereits auf der ersten Seite einführt:

> QUEERNESS IS NOT yet here. Queerness is an ideality. Put another way, we are not yet queer. We may never touch queerness, but we can feel it as the warm illumination of a horizon imbued with potentiality. We have never been queer, yet queerness exists for us as an ideality that can be distilled from the past and used to imagine a future. The future is queerness's domain. Queerness is a structuring and educated mode of desiring that allows us to see and feel beyond the quagmire of the present.[14]

Queerness, in Muñoz' Sinne, beschreibt eine Zukunftsvision, in der die Ideale des Petrokapitalismus durch queere Verwandtschaftsbeziehungen ersetzt werden und interspezifisches *caring* – also Fürsorge für alle anderen Lebewesen der Critical Zone – betrieben wird. Denn der Kapitalismus steht im Widerspruch zum Fortbestand unserer biodiversen Erde, was das IQECO selbst als wichtigen Ansatz ihrer Arbeit *Metamorphosis* beschreibt:

11 Alex A. Jones: The Institute of Queer Ecology. Metamorphosis. In: Waldmann (Hrsg.): *THE EARTH DOES (NOT) NEED US*, S. 89–97, hier S. 90.

12 Jones: The Institute of Queer Ecology, S. 90.

13 Donna J. Haraway: *Staying with the Trouble. Making Kin in the Chthulucene*. Durham / London: Duke UP 2016, S. 116.

14 José Esteban Muñoz: *Cruising Utopia. The Then and There of Queer Futurity*. New York: NYU P 2009, S. 1.

> In *Metamorphosis* fordern wir ausdrücklich die Demontage und Diskreditierung der extraktiven Industrialisierung und der ausbeuterischen Modernisierung des globalen Kapitalismus, damit neue (queere, biodiverse) Welten erträumt werden können und neue Erfahrungen möglich sind.[15]

Doch auf welche formalästhetische Weise geschieht diese Demontage? An welche Bilder und Narrative knüpft das IQECO in seiner Arbeit an, um die Utopie einer neuen, anders strukturierten Welt zu erdenken?

Vom Insekt-Werden und Terrestrisch-Werden

Im Zentrum von *Metamorphosis* steht das Insekt. Insekten bevölkerten die Erde lange vor den Menschen und prägen die Ökosysteme durch ihre Vielheit, aber auch durch ihre wichtige Rolle in Produktions- und Reproduktionsprozessen. Sie bestäuben nicht nur Pflanzen und sorgen für fruchtbare Böden, sondern können sich als terrestrische Wesen immer wieder neu an ihre Umgebungen anpassen und werden als sogenannte Gestaltwandler*innen aufgefasst. Gerade durch ihre anders geartete Körperlichkeit und Zeitlichkeit wirken sie aus der menschlichen Perspektive dabei oftmals fremd. Bis ins späte 19. Jahrhundert wurde in der Kunst versucht, Insekten vor allem lebendig und dreidimensional darzustellen – „einen Schatten werfend, fliegend oder auf allen sechs Beinen stehend“[16]. Durch ihre wichtige Funktion im Zersetzungsprozess von lebenden Organismen nach ihrem Tod standen sie lange im Zusammenhang von Memento-Mori-Darstellungen für die Vergänglichkeit und die Endlichkeit des menschlichen Lebens. Mit Beginn des 20. Jahrhunderts werden Insekten in künstlerischen Arbeiten jedoch auch „zunehmend vom aktiv zerstörenden Getier zum Opfer von Zerstörung“[17]. Immer wieder steht dabei ihre Fähigkeit zur Metamorphose – „Umgestaltung, Veränderung der Gestalt,

15 Catherine Nichols: Jenseits aller Romanzen des Negativen. Das Institute of Queer Ecology im Gespräch mit Catherine Nichols. In: Waldmann (Hrsg.): *THE EARTH DOES (NOT) NEED US*, S. 118–135, hier S. 125.

16 Thomas Köllhofer: Das Insekt. Zur Darstellung in (Zeichen-)Kunst und Wissenschaft. In: Johan Holten / Sebastian Schneider / Anja Heitzer (Hrsg.): *1,5 Grad. Verflechtungen von Leben, Kosmos und Technik*. Ausstellungskatalog Kunsthalle Mannheim. Berlin: Hatje Cantz 2023, S. 176–183, hier S. 178.

17 Ebd.

des Zustands"[18] – im Vordergrund. Diesen Aspekt[19] nimmt auch das IQECO als Ausgangspunkt, um die Umgestaltung von Ökologie und Kapitalismus anhand der verschiedenen metamorphischen Stadien von holometabolen Insekten vorzuschlagen, die sie bis zur vollständigen Metamorphose durchlaufen. Es wird also nicht weniger als die Frage gestellt: ‚Was können wir von Insekten lernen?' Die Antwort nach Betrachtung der Arbeit lautet: ‚viel', vor allem einiges über die Neustrukturierung unserer Erdbeziehung.

Zentrale Bedeutung in diesem Zusammenhang besitzt die Vielgeschlechtlichkeit von Insekten, was sie zu queeren *Role Models* macht. Denn die Spezies der Insekten – so die Information, die man beim Betrachten von *Emergence (Episode 3)* bekommt – besitzen bis zu 36.000 Geschlechtlichkeiten, „was sie zu einer interessanten Basis für Sprösslinge der Imagination macht"[20]. Aber nicht nur durch ihre Vielgeschlechtlichkeit, sondern auch durch ihre Potenzialität zu unterschiedlichen metamorphischen Seinsformen (Puppe, Larve etc.) und die damit zusammenhängende Schwierigkeit, ihre Identität zu fixieren, eignen sie sich als Sinnbild für eine queere Utopie für die Gesellschaft der Zukunft. Queerness dient in diesem Kontext als eine Art ökologische Vision, ein Weg, ein alternativer, utopischer Ansatz, Welt zu denken. Insekten und Queerness werden in *Metamorphosis* miteinander in Verbindung gebracht und daraus eine Utopie kreiert, die vor allem auch durch das Ideal der *Interspezies Care* geprägt ist.

Der *Care*-Begriff, den Rachel Adams in ihrem Text *Interspezies Care* (2020) vorschlägt, ist dabei weitgehend und umfasst das gesamte Miteinander in der Critical Zone: „Care is work, an attitude toward others, and an ethical ideal. [...] Care is almost always characterized by asymmetries of power, ability, and resources."[21] Die mit Verantwortung einhergehende Idee von Care in einer ‚Interspecies Utopia' exkludiert die Menschen nicht von einer zukünftigen Version der Welt, sondern nimmt sie als wichtigen Teil dessen wahr, wie Adams pointiert:

18 Vgl. Metamorphose. In: *DWDS – Digitales Wörterbuch der deutschen Sprache*, 19.09.2024. https://www.dwds.de/wb/Metamorphose?o=metamorphose (Zugriff am 19.09.2024).

19 Zur Rolle von Insekten in zeitgenössischer Kunst vgl. u. a. Stiftung Nantesbuch / Andrea Firmen (Hrsg.): *Flügelschlag. Insekten in der zeitgenössischen Kunst*. Ausstellungskatalog Museum Sinclair-Haus. Berlin: Distanz 2019.

20 Vgl. *Metamorphosis | Emergence (Episode 3)* (US 2020, R: IQECO).

21 Adams: The Art of Interspezies Care, S. 695.

> We can read these stories as evidence of the natural environment recovering in the absence of humanity. But we can also read them with an understanding that humans are an inextricable part of the environment.[22]

Diese Verantwortung wird auch im Ausstellungskontext von *Metamorphosis* sichtbar, etwa im Ausstellungstitel *THE EARTH DOES (NOT) NEED US*. Dieser greift durch das in Klammern gesetzte *not* die Relevanz und Verantwortung der Menschen durch den Möglichkeitsraum ihrer Absenz in der Welt auf.

Darüber hinaus zeigt *Metamorphosis* eine alternative Umgangsweise auf, die anhand der Insektenleben erzählt wird, und entspricht mit Aussagen wie „Wir müssen weniger menschlicher werden"[23] eben jener Idee des *Tier-Werdens* von Gilles Deleuze und Félix Guattari, die sie in ihrer Schrift *Tausend Plateaus* (1992) formulieren.[24] Nach Deleuze und Guattari ist – wie das ‚Insekt-Werden' in *Metamorphosis* – das *Tier-Werden* vor allem als utopisches Konzept zu begreifen, bei dem es nicht um die Mimesis oder das Essenzialisieren von Tieren geht,[25] sondern das prozesshafte In-Kontakt-Treten mit dem ‚Anderen' fokussiert wird, der eine veränderte Wahrnehmung und neue Perspektivierung hervorrufen kann.[26] *Metamorphosis* ließe sich in diesem Sinne als Aufruf interpretieren, die Fremdheit sowie Abneigung zu überwinden und in gewisser Hinsicht Insekt zu werden. Dieser Ähnlichkeit von sozialen Strukturen und naturkundlichen Phänomenen war sich bereits Aristoteles bewusst. Er griff auf die Sozialität von Insekten als Analogie für die Strukturierung menschlicher Gemeinschaften zurück.[27] Wobei er anders als das IQECO vorschlug, den Menschen in der Hierarchieskala über allen anderen Spezies anzusiedeln und ihn anders als andere

22 Adams: The Art of Interspezies Care, S. 695.

23 Vgl. *Metamorphosis | Liquidation in the Pupal Stage (Episode 2)* (US 2020, R: IQECO).

24 Vgl. Gilles Deleuze / Félix Guattari: *Tausend Plateaus. Kapitalismus und Schizophrenie*, aus d. Franz. v. Gabriele Ricke / Ronald Voullié. Berlin: Merve 1992.

25 Vgl. Esther Köhring: Tiere und Theater, Performance, Tanz. In: Roland Borgards (Hrsg.): *Tiere. Kulturwissenschaftliches Handbuch*. Stuttgart: Metzler 2016, S. 245–261, hier S. 258.

26 Vgl. Deleuze / Guattari: *Tausend Plateaus*, S. 324.

27 Vgl. Alexander Kling: Die Tiere der Politischen Theorie. In: Borgards (Hrsg.): *Tiere*, S. 97–110, hier S. 100–101.

in Gemeinschaft lebende Lebewesen – etwa die Bienen – als ‚einziges' politisches Lebewesen aufzufassen.[28]
Der Topos der Metamorphose in *Metamorphosis*, gerade in seiner nicht materiell zu denkenden Form, sondern in der auf ein Überschreiten der Spezies-Grenzen fokussierenden Dehierarchisierung zwischen Mensch und Tier, geht darüber hinaus und kongruiert mit der Perspektivierung des Terrestrisch-Werdens, die Bruno Latour in seinem *Terrestrischen Manifest* (2018) beschreibt. Das Terrestrisch-Werden fasst er als ein sich Verbinden mit der Erde und ihren Dingen in der sogenannten Critical Zone auf, der Haut von Gaia, die ebenfalls den Lebensort aller anderen Spezies darstellt.[29] Dieser Logik folgend spricht er nicht mehr von Erdbewohner*innen, die nutznießerisch auf dem Planeten Erde wohnen, sondern schlägt alternativ den Begriff der *Terrestrischen* vor, die als „Erdverbundene[ ] (earthbound)"[30] ihren Lebensraum aktiv mitbestimmen, beeinflussen und von ihm abhängig sind. Als ‚terrestrisch' bezeichnet er jedoch nicht nur die Lebewesen, sondern auch die räumliche Sphäre, in der diese miteinander vernetzt sind:

> Der Attraktor des *Terrestrischen* – klar geschieden von der ‚Natur' und nicht den ganzen Planeten meinend, sondern nur die dünne Schicht der Kritischen Zone – vereint die gegensätzlichen Figuren von Boden und Welt.[31]

In dieser Critical Zone sind alle Lebewesen miteinander verbunden – wie auch Donna Haraway beschreibt: „[S]pecies of all kinds are consequent upon worldly subject- and object-shaping entanglements"[32] –, was sie zwangsläufig miteinander verbindet. Das in *Metamorphosis* vorgeschlagene Insekt-Werden der Welt ließe sich daher auch als Terrestrisch-Werden im Sinne Latours auffassen.

28 Aristoteles: *Politik*, aus d. Altgr. v. Franz Susemihl. Reinbek: Rowohlt 2009, S. 47.

29 Vgl. Bruno Latour: *Das terrestrische Manifest*, aus d. Franz. v. Bernd Schwibs. Berlin: Suhrkamp 2018, S. 101.

30 Ebd.

31 Ebd., S. 107.

32 Haraway: *Staying with the Trouble*, S. 13.

Neue Fiktionen für die Realität – *Metamorphosis* als Utopie einer neuen Erdbeziehung

Alex A. Jones siedelt die Arbeit *Metamorphosis* zwischen den „Ziele[n] von Paper Tiger Television" und der Ästhetik von „in den 1990er Jahren auf Fernsehsendern wie PBS, BBC oder dem Discovery Channel verbreiteten pädagogischen Natursendungen" an.[33] Eine improvisierte Atmosphäre, die wie bei Paper Tiger Television aus einer Mischung von „Betroffenheit und Journalismus"[34] und dem bildungsbezogenen Anspruch der Informationsvermittlung besteht, treffen auf dokumentarische Ästhetiken und vermengen sich zu einer von unterschiedlichsten Insekten bevölkerten bunten queeren Utopie, die eine neue (metamorphische) Erdbeziehung für alle Humanwesen vorschlägt. Dabei spielt vor allem die Form und Gestaltung der filmischen Bilder eine zentrale Rolle, die immer wieder das Verhältnis von Fiktion und Dokumentation auslotet. Um dieses genauer zu fassen, sind die Überlegungen der Künstlerin Hito Steyerl hilfreich, die sich in ihrer Dissertation *Die Farbe der Wahrheit. Dokumentarismen im Kunstfeld* (2008) mit dokumentarischen Formen in künstlerischen Arbeiten auseinandersetzt. Ihrer Meinung nach besitzen diese in der Gegenwart ein enormes Potenzial:

> Dokumentarische Formen transportieren, regulieren und verwalten ein gigantisches emotionales Potenzial, das von ihnen teils in Schach gehaltenen, teils explosiv freigesetzt wird. Sie bringen uns das Ferne so nah, dass es direkt unter die Haut geht, und entfremden uns umgekehrt vom Naheliegendsten. Sie intensivieren ein allgemeines Gefühl der Angst, das mehr und mehr zum politischen Instrument wird.[35]

Dabei wirken im gegenwärtigen digitalen Zeitalter „dokumentarische Formen nicht nur auf individueller Ebene ungeheuer emotionalisierend – sie stellen auch einen wichtigen Bestandteil zeitgenössischer Ökonomien des Affekts dar"[36]. Dokumentarische Formen gehen immer auch mit einer konstruierten Narration einher, die die Welt in einer jeweils spezifischen Weise zu ordnen versucht, „um das

33 Jones: The Institute of Queer Ecology, S. 91.

34 Jochen Becker: Paper Tiger Television. TV Labor. In: *Kunstforum International* 121 (1993), S. 417–418, hier S. 417.

35 Hito Steyerl: *Die Farbe der Wahrheit. Dokumentarismen im Kunstfeld*. Wien: Turia + Kant 2008, S. 13.

36 Ebd.

heillose und intransparente Durcheinander der Wirklichkeit mit Sinn auszustatten“[37]. Die Realität wird somit in eine fiktionalisierte Form gebracht, Steyerl spricht daher auch von der „Realität als Fiktion“[38], die oft eher mythisch als rational ausgerichtet ist. Die Konstruktion dieser narrativen Ordnung legt *Metamorphosis* frei, in dem das verwendete Bildmaterial von Diversität geprägt ist und fiktive Bildformen wie Zeichentrick oder Computeranimationen mit Bildern zusammengebracht werden, die sich als ‚klassisch‘ dokumentarisch lesen lassen. In *Metamorphosis* findet sich daher auch jene Ästhetik, die große klimaschädliche Konzerne für die Verbreitung ihrer Firmenphilosophie und Legitimierung ihres Vorgehens nutzen, indem sie mit der vermeintlichen Objektivität von Wissenschaftlichkeit eine eigene spezifische „dokumentarische Wahrheit“[39] kreieren, und durch das Setzen in einen neuen Kontext entlarvt.

Die Episoden von *Metamorphosis* sind in die Zukunft gerichtet und entfalten „Entwürfe einer Realität, wie sie werden soll“[40]. Das korrespondiert mit Steyerls Einschätzung, was dokumentarisch fokussierte Kunstwerke sind, nämlich „nicht nur Abbilder, sondern Appelle, Vorbilder, Anweisungen, Anleitungen, ja ganze ethische Traktate, mit denen Haltungen zur Welt vorgeschlagen und eingeübt werden“[41]. Was das unterstreicht, ist die eingeschriebene Zeitlichkeit, die holometabolen Insekten immanent ist. Denn ihr temporärer Zustand – Puppe, Larve, Imago – verweist stets auf ihre zukünftige Transformation und Umformung ihres Körpers, der sich je nach Stadium an die Umgebung und die neuen temporären Lebensbedingungen anpasst. So wird das Insekt-Werden im Sinne eines Terrestrisch-Werdens auf eindrückliche Weise eröffnet.

37 Ebd., S. 63.
38 Ebd., S. 64.
39 Ebd., S. 14.
40 Ebd., S. 80.
41 Ebd.

Von Erdlingen und Erinnerung

Marlene Barts künstlerische Enzyklopädien

Veronika Beck

In Erinnerung an Irmgard Linsmayer

November naht. Erde klebt an meinen Schuhen, ihr Aroma ist überall. Übergangsweise lebe ich in der Wohnung meiner verstorbenen Großmutter, ein Ort, der sich anfühlt wie eine Zeitkapsel. Möbel, die ich aus meiner Kindheit kenne, erscheinen mir wie Fossilien, es sind die Überreste einer entfernten Epoche. Mein erster Reflex, sobald ich den hellen Steinboden ihrer Wohnung betrete, ist es, meine Schuhe auszuziehen. Kein einziger Krümel Erde darf eindringen. Ich möchte dieses begehbare Andenken in seiner Sterilität bewahren – obwohl „Erde doch nach dem Leben selbst riecht."[1] David R. Montgomery, Professor für Earth and Space Science an der University of Washington, beschreibt den Boden als eine „biologische Orgie"[2], die selbst den Tod in neues Leben verwandeln kann.[3] Verwest ein Körper unter der Erde, zersetzen unzählige Bakterien, Würmer, Pilze und andere Mikroorganismen nach und nach seine Gewebeschichten, bis schließlich nur ein Skelett bleibt.[4] Meine Großmutter ist nun Teil dieser ‚biologischen Orgie'.

Dieser Text beleuchtet die Verwurzelungen zwischen Erde und Erinnerung, zwischen menschlichem und nichtmenschlichem Leben. Drei Glasarbeiten der Künstlerin Marlene Bart dienen als Ausgangspunkt, um diese Beziehungen jenseits klassischer naturgeschichtlicher Ansätze zu untersuchen. Barts Werke sind Abbildungen erdgebundener Tiere und Tierfossilien, die eine Perspektive auf den Erdling eröffnen, welche Erde als Kommunikator zwischen Leben und Tod in ihr Zentrum rückt.

1 David R. Montgomery*: Dirt. Erosion of Civilizations.* London: U of California P 2007, S. 1.

2 Ebd.

3 Vgl. ebd.

4 Vgl. Arpad A. Vass: Beyond the Grave. Understanding Human Decomposition. In: *Microbiology Today* 28 (2001), S. 190–192, hier S. 190, 191.

Erde ist mehr als nur die schmutzige Substanz unter meinen Schuhen. Sie ist der Zeitzeuge eines gemeinsamen Ursprungs. Alle Spuren und Informationen über ein Land vor unserer Zeit sind dort gespeichert, denn frühere Zivilisationen haben ein ausführliches Protokoll über die Bedingungen ihrer Existenz in der Erde hinterlassen.[5] Die Entwicklungsgeschichte aller irdischen Organismen lässt sich daran ablesen. Verlassene Gehäuse und versteinerte Knochen von Tieren sind die offensichtlichen Puzzleteile dieses Datenspeichers. Versteckt in Steinen und unter der Erde bewahren Fossilien die Abdrücke eines früheren Lebens auf und erlauben uns, diese abstrakte Vergangenheit zu begreifen.[6]

Naturalien wie Fossilien sind jedoch nicht frei von politischen Implikationen, denn sie sind an Fragen von Aneignung und kultureller Bedeutung geknüpft.[7] Europäische Naturgeschichte, welche auf umfangreichen und prestigeträchtigen Sammlungen aufbaut, verdient in diesem Zusammenhang eine kritische Aufarbeitung. In den letzten Jahren haben sich vermehrt Initiativen entwickelt, um Museen und ihre Geschichtsschreibung zu dekolonisieren.[8] Dieser Schritt ist entscheidend, da naturkundliche Institutionen im Anthropozän oft als „Tempel der Biodiversität“ [9] gelten. Charakterisierende Faktoren der Moderne, wie Eurozentrismus und gewaltvolle Aneignung von Land und Kulturen, werden in idealisierten Forschungsnarrativen oft ausgespart. Ab der frühen Neuzeit wandelte sich das Verständnis der Natur in Europa radikal. Auf Fortschritt und neue Vorstellungen von Horizontalität folgt eine historische Rationalisierung des Weltbildes, die das Verhältnis zwischen Mensch und Natur für immer verändert. Es entsteht ein Prisma radikaler Hierarchien, durch welches von nun an

5 Montgomery: *Dirt*, S.3.

6 Vgl. Archive der Erde. In: *ETH Zürich. Focus Terra*, o.D. https://focusterra.ethz.ch/museum/dauerausstellung/archive.html (Zugriff am 20.11.2024).

7 Vgl. Deborah Dubald / Catarina Madruga: Introduction. Situated Nature: Field Collecting and Local Knowledge in the Nineteenth Century. In: *Journal for the History of Knowledge* 3,1 (2022), S. 1–11, hier S. 1. https://doi.org/10.55283/jhk.11379 (Zugriff am 07.03.2025).

8 Decolonising Museums. In: *Museums Association*, o.D. https://www.museumsassociation.org/campaigns/decolonising-museums/# (Zugriff am 29.12.2024).

9 Dubald / Madruga: Situated Nature, S. 1.

die Umwelt und deren Bewohner*innen nicht nur begutachtet, sondern vor allem bewertet werden.[10]

Die künstlerisch forschende Enzyklopädistin Marlene Bart setzt sich in ihrer Arbeit kritisch damit auseinander, wie blinde Binärität seit jeher die Wissenschaft dominiert. Im Zentrum ihres Schaffens steht die Frage, wie Wissen konstruiert wird und welche Machtdynamiken diesen Vorgang beeinflussen.[11] Die Künstlerin – ein Naturwissenschafts-Nerd – übt feministische Kritik an der Naturgeschichte. Ihr Ziel ist es, die Disziplin aus bislang marginalisierten Blickwinkeln zu betrachten und so neue Potenziale in Wissenssammlungen aufzudecken.[12] In ihren Werken bricht die Künstlerin mit den traditionellen Vorstellungen von Wissenschaft und Enzyklopädien. Wunderkammern der frühen Neuzeit inspirieren Bart, da diese Wissenschaft und Kunst, Wissen und Nicht-Wissen, in eine Beziehung miteinander setzten.[13] Marlene Barts facettenreiches Werk funktioniert wie eine solche Wunderkammer und formt damit einen spielerischen Gegenentwurf zu den strikten Kategorien moderner Wissenschaft.[14]

Ihre Praxis ist tief verwurzelt in Ideen der Queer Ecology, welche die modernen Vorstellungen von Natur als meist maskuline und heteronormative Kulisse dekonstruiert.[15] Die Theorie hinterfragt die privilegierte Position, die Heterosexualität in Gesellschaft und Wissenschaft einnimmt, und macht auf fehlerhafte Annahmen in Bereichen wie der Zoologie aufmerksam: Ein heteronormatives Naturverständnis hat dazu geführt, dass Beweise für Homosexualität und Transsexualität im Tierreich oft fehlinterpretiert oder bewusst ausgeblendet wurden.[16] Im öffentlichen Diskurs werden Queerness und Natürlichkeit oft als

10 Vgl. Marlene Bart: *Das Künstlerbuch als multimediale Enzyklopädie. Visuelle Schnittstellen in Buchprojekten aus Kunst und Wissenschaft*. Bielefeld: Transcript 2024, S. 29.

11 Vgl. ebd.

12 Vgl. ebd., S. 28–29.

13 Vgl. Wunderkammer: A Century of Curiosities. In: *MoMA*, o. D. https://www.moma.org/calendar/exhibitions/272 (Zugriff am 03.12.2024).

14 Vgl. Henry Kaap: (Digital) Love Affair mit Mollusken? Marlene Barts enzyklopädische Ökologien. In: *Kritische Berichte* 52,3 (2024), S. 33–39, hier S. 37. https://doi.org/10.11588/kb.2024.3 (Zugriff am 07.03.2025).

15 Vgl. Catriona Mortimer-Sandilands / Bruce Erickson: *Queer Ecologies. Sex, Nature, Politics, Desire*. Bloomington: Indiana UP 2010. S. 4–5.

16 Vgl. Nicole Seymour: Queer Ecologies and Queer Environmentalisms. In: Siobhan Somerville (Hrsg.): *Cambridge Companion to Queer Studies*. Cambridge / New York: Cambridge UP 2020, S. 108–122, hier S. 109.

Abb. 1: Marlene Bart: *Mollusca Love Affair*, 2020, Glas, 40 x 38 x 18 cm.

konträr portraitiert. Dabei offenbart sich eine grundlegende Gemeinsamkeit bereits in einer strukturellen Unterdrückung, welche Queers mit der Natur, aber auch Frauen und People of Colour teilen.[17] Bart lenkt den Blick auf eben jene oft übersehenen und benachteiligten Perspektiven, ihr Arbeitsansatz ist feministisch, anti-rassistisch und queer. Für ihre Glasskulptur *Mollusca Love Affair* schuf sie rosa Schnecken (Abb. 1), es ist eine Hommage an die Fluidität der Tiere. Besonders Schnecken sind ein glitschiger Beweis dafür, dass auch im Tierreich komplexe Verhaltensweisen existieren. Patriarchale Ideen von ‚natürlicher' Heteronormativität sprengen sie in Sekundenschnelle. Die Tiere neigen zu Hermaphroditismus, viele Arten besitzen sowohl weibliche als auch männliche Geschlechtsorgane, während andere im Laufe ihres Lebens ihr Geschlecht ganz einfach wechseln.[18] Für Bart dreht sich ihre queerfeministische Perspektive in der Wissenschaft nicht nur um Diversität zwischen Geschlechtern, sondern um Diversität zwischen den Spezies. Ihre ästhetische Reflexion lädt dazu ein, das eigene Verständnis von genormten Kategorien wie männlich und weiblich, Objekt

17 Vgl. ebd., S. 108.

18 Vgl. Intersexualität bei Tieren. 6 Beispiele für Zwitter im Tierreich. In: *Peta*, 08.01.2019. https://www.peta.de/themen/intersexualitaet-zwitter/ (Zugriff am 16.11.2024).

und Subjekt, aber auch Mensch und Tier zu überdenken.[19] Barts Skulptur zeigt zwei gläserne Mollusken, die in einem leidenschaftlichen Akt vereint sind, der einen bloßen Fortpflanzungstrieb zu überschreiten scheint. Sie macht die Subjektivität der Tiere sichtbar. Wer annimmt, der reproduktive Akt der Tiere sei auf Männchen und Weibchen in einer leidenschaftslosen Vereinigung beschränkt, täuscht sich: Bei der Partnerwahl sind Schnecken aufgrund ihrer Zweigeschlechtlichkeit flexibel. Auch ein mehrstündiges Vorspiel mit intimem Austausch von Zärtlichkeiten gehört für sie dazu.[20] Spaß an der Liebe scheint keineswegs eine rein menschliche Eigenschaft zu sein. Die nahezu kitschig rosarote Skulptur strahlt irritierend viel Intimität aus, als Betrachter*in fühlt man sich als Zeug*in wahrer Liebe und wird mit einer Sehnsucht nach Nähe und Romantik erfüllt.

Die Künstlerin nutzt die Leidenschaft und Queerness dieser Tiere, um auf die künstliche Natur gesellschaftlicher und wissenschaftlicher Narrative hinzuweisen, die binäre Vorstellungen von Sexualität oft stützen. Barts gläserne Weichtiere oszillieren in ihrem Liebesspiel zwischen Zerbrechlichkeit und Ausdauer. Vielleicht ist die Arbeit damit eine Anspielung auf die rote Riesen-Nacktschnecke, die jedes Jahr aufs Neue den verheerenden Waldbränden Australiens trotzt und erbittert mit dem Aussterben kämpft. Doch nicht nur die menschliche Zerstörung des Lebensraums der Schnecken gefährdet die faszinierenden Erdbewohner*innen. 2022 erzielte der globale Markt für kosmetische Produkte basierend auf Schneckenschleim über 555 Millionen US-Dollar.[21] Aufgrund seiner als verjüngend geltenden Eigenschaften ist Schneckenschleim eine heiß begehrte Zutat für Masken, Cremes und Peelings.[22] Das Sekret besitzt wundheilende Qualitäten, denn die

19 Vgl. Kaap: (Digital) Love Affair mit Mollusken?, S. 39.

20 Vgl. Meret Signer: Wenn Schnecken Liebe machen. In: *Tierwelt*, 16.06.2016. https://www.tierwelt.ch/artikel/wildtiere/wenn-schnecken-liebe-machen-410134. (Zugriff am 15.12.2024).

21 Vgl. Olivia Ferrari: Snail Mucus Is a Skin Care Phenomenon-but Does It Really Work? In: *National Geographic*, 08.01.2024. https://www.nationalgeographic.com/animals/article/snail-mucin-mucus-skin-care# (Zugriff am 15.11.2024).

22 Eliza Wargala / Agnieszka Zalewska / Martyna Sławska / Izabela Kot: Snail Mucus as an Innovative Ingredient Used in the Cosmetology and Medical Industry. In: *Aesthetic Cosmetology and Medicine* 12,2 (2023), S. 45–49, hier S. 46–47. https://doi.org/10.52336/acm.2023.001 (Zugriff am 07.03.2025).

Weichtiere kriechen schließlich mit ihrem nackten Körper ungeschützt über den oft scharfen Boden.[23] Das Gleitgel ist ihr Lebenselixier.
Mollusken gehören zur vielfältigen Familie der Weichtiere, von denen manche das Glück haben, in einer kleinen Kalkschale ein schützendes Zuhause zu haben. Nach dem Tod dieser Tiere überdauern ihre robusten Gehäuse oft bis in ein neues Zeitalter und fügen sich wie winzige Puzzleteile ins große geologische Gedächtnis ein. Die Gehäuse werden dabei zu Trägern von Erinnerungen und bilden eine Brücke zwischen verschiedenen Zeitaltern und Generationen. Schneckenförmige Fossilien, stammen meist von Ammoniten, einer lange ausgestorbenen Art der Molluske.[24] Die Künstlerin, die die Grenzen zwischen Kunst und Wissenschaft aktiv herausfordert, arbeitet regelmäßig mit Tierpräparator*innen zusammen. Der Prozess der Präparation fasst die Essenz ihres Schaffens symbolisch zusammen, denn der direkte Umgang mit den Knochen eröffnet neue Perspektiven auf die ethischen Dimensionen der Mensch-Tier-Beziehung.[25] Wie ein dreidimensionales Puzzle erinnere es ständig an die eigene Endlichkeit, findet der zoologische Präparator Ralf Bonke.[26]
Auch wenn das Präparieren von tierlichen Überresten ein fundamental anderer Prozess ist, könnte man es als eine künstliche Form der Fossilienherstellung betrachten. Bei der natürlichen Fossilisation wird ein totes Tier unter der Erde und im Sediment begraben. Sand und Gestein bewahren den Körper vor dem Verfall, während über Millionen von Jahren hinweg Mineralien in die Knochen eindringen und langsam, aber sicher das organische Material ersetzen. Ein scheinbar versteinertes Skelett entsteht.[27] Präparieren imitiert diesen Prozess, jedoch mit einem entscheidenden Unterschied: Anstatt Mineralien

23 Vgl. Isabell Kubo: Schneckenschleim. Tierquälerei für Schneckencreme-Kosmetik? In: *Peta*, 21.03.2022. https://www.peta.de/themen/schneckencreme/ (Zugriff am 16.11.2024).

24 Vgl. Ammoniten der Kreide. In: *Geowissenschaftliche Sammlung der Universität Bremen*, o.D. https://www.geosammlung.uni-bremen.de/de/ammoniten-der-kreide/ (Zugriff am 26.12.2024).

25 Vgl. Kaap: (Digital) Love Affair mit Mollusken?, S. 33.

26 Vgl. Marlene Bart/Johannes Breuer/Alex Leo Freier: *Atlas der Datenkörper 1. Körperbilder in Kunst, Design und Wissenschaft im Zeitalter digitaler Medien*. Bielefeld: Transcript 2022, S. 67, 72.

27 Vgl. Fossilien. In: *Simpleclub*, o.D. https://simpleclub.com/lessons/biologie-fossilien (Zugriff am 20.11.2024).

hinzuzufügen, wird hier das Fleisch entfernt. Die Knochen werden dafür in eine Enzymlösung eingelegt, um sie von Bakterien und Gewebe zu befreien. Der menschliche Eingriff bewahrt das Gerüst und hält die ursprüngliche Form des Lebewesens intakt. Für die Freilegung kleinerer Skelette greift man gerne auf Speckkäfer zurück, die alle organischen Rückstände einfach auffressen.[28] Eine menschlich-krabbelnde Kollaboration, um die Spuren des Daseins zu konservieren. Während Präparator*innen ein verstorbenes Leben rekonstruieren, wird beim forschenden Sezieren Leben aktiv (auseinander-)genommen.

Marlene Barts Glasobjekt *Highschool Nightmare* (Abb. 2) lenkt die Aufmerksamkeit auf das oft unsichtbare Leid von Fröschen, die sehr beliebte Forschungsobjekte sind. Jährlich werden in den USA etwa 12 Millionen Frösche gefangen und in einem tödlichen Chemikalienmix gebadet, damit sie anschließend von Schüler*innen seziert werden können. Dafür werden sie meist direkt aus ihrem natürlichen Lebensraum entfernt.[29] Oft wird angenommen, Frösche wären nur in unmittelbarer Nähe von Wasser anzutreffen. Tatsächlich sind die kleinen Kreaturen aber unglaublich anpassungsfähig und existieren fast überall – außer in der Antarktis.[30] Die Erdlinge haben eine sehr sensible Haut, die Wasser sowie Schadstoffe direkt aufnimmt. Durch ihre direkte Nähe zum Boden macht sie das zu wichtigen Indikatoren für die Gesundheit ihres Lebensraums.[31] Das Sezieren von Fröschen verkörpert den empirischen Ansatz, die Natur wortwörtlich zu zerlegen, um sie analysieren und kontrollieren zu können. Francis Bacon, der Vater der modernen Wissenschaft, prägte einst diese Vorstellung von Wissen als Werkzeug für Macht.[32] In einem Annäherungsversuch an Bacons scharfkantiges Vermächtnis adaptiert Marlene Bart das stereotype Objekt der

28 Vgl. Bart / Breuer / Freier: *Atlas der Datenkörper*, S. 67.

29 Vgl. Waste and Cruelty of Dissection. In: *National Anti-Vivisection Society*, o. D. https://navs.org/key-issues/waste-and-cruelty-of-dissection/ (Zugriff am 05.11.2024).

30 Vgl. Frog Habitats and Adaption. Education Resources. In: *Australian Museum*, o. D. https://media.australian.museum/media/dd/documents/frog_habitat_adaptation_2018_gtpkei.7e1b201.pdf (Zugriff am 09.11.2024), S. 2.

31 Vgl. Anuradha Ranjan / Divya Singh: Save Frogs. Biological Indicators in Environmental Assessment. In: *Biochemical and Cellular Archives* 16,1 (2016), S. 144–146. https://connectjournals.com/file_full_text/2442200H_144-146.pdf (Zugriff am 07.03.2025), hier S. 144.

32 Vgl. Antonio Panovski: What Did Francis Bacon Mean by 'Knowledge Is Power'? In: *The Collector*, 09.12.2023. https://www.thecollector.com/francis-bacon-knowledge-is-power/ (Zugriff am 10.11.2024).

Abb. 2: Marlene Bart: *Highschool Nightmare*, 2020, Glas, 31 x 21 x 9 cm.

sezierbaren Natur. Ihre Glasskulptur *Highschool Nightmare* zeigt einen kleinen Frosch. Er liegt auf dem Rücken, seine vier Schenkel von sich gestreckt, sein Bauch ist aufgeschnitten. Er ist bereit für seine Sektion. Im Inneren seines gläsernen Torsos befindet sich ein Sammelsurium aus organischen Formen. Seine abstrakten Organe werden gekrönt von einem unverkennbaren blutroten Herz. Die Skulptur kann als Allegorie sowohl für das rationale Sammeln von Wissen verstanden werden als auch für die selektive Erinnerungskultur, die diesen Prozess prägt. Der sezierte Frosch reflektiert, wie gewisse Erinnerungen und Erfahrungen gezielt priorisiert, andere jedoch bewusst ausgeblendet werden. Er selbst ist ein Opfer dieser Mechanismen. Dass seine empfindliche Haut den Tod durch ein Chemikalienbad wohl besonders grausam macht, wird im Namen der Wissenschaft stillschweigend akzeptiert. Auch Deborah Dubald und Catarina Madruga vom Leibniz-Institut für Evolution und Biodiversitätsforschung in Berlin setzten sich für eine kritische Kontextualisierung von Wissensproduktion ein. Da Naturkunde durch imperiales und koloniales Handeln geprägt und ermöglicht worden ist, fordern sie, dass auch Feldforschung – also die empirische Erkundung der Natur – als Beispiel kolonialer Unterwerfung verstanden wird.[33]

33 Vgl. Dubald / Madruga: Situated Nature, S. 3.

Doch warum werden ausgerechnet Frösche so häufig seziert? Die Wahl wird oft damit begründet, dass ihre Anatomie komplex genug sei, um sie mit der eines Menschen zu vergleichen. Es gibt natürlich Tiere, deren Organsystem dem menschlichen viel mehr ähnelt als das von Amphibien. Doch Frösche sind kostengünstig und ihre äußere Erscheinung ähnelt der von Menschen oder klassischen Haustieren sehr wenig. Schüler*innen würden sich vermutlich nicht so einfach bereit erklären, einen Hund oder eine Katze zu sezieren.

Bei der Herstellung der Skulptur wurde der Bauchraum des Froschs erst zum Schluss mit den Innereien bestückt. Jedes Organ wurde einzeln platziert, was eher an den Akt des Präparierens erinnert als an den einer Sektion. Auch wenn es ein generischer Frosch ist – er steht für all die Frösche, die im Namen der Wissenschaft ihr Leben lassen –, hat er Bedeutung. Er hat Liebe und Hingabe erfahren. Die Sektion eines Froschs mag vielleicht nicht darauf abzielen, doch vermittelt sie den Schüler*innen die Botschaft, dass das Leben von Tieren – insbesondere der kleinen, die nahe am Boden leben und damit oft außerhalb der menschlichen Wahrnehmung bleiben – von geringer Bedeutung ist. Marlene Barts Skulptur spiegelt diese Distanz. Man schaut direkt von oben auf den gläsernen Frosch, seine Augen sind nicht sichtbar. Im Fokus liegen seine offenbarten Organe. Dennoch strahlt er dabei diese seltsame Nähe aus und als Betrachter*in fühlt man das Verlangen, in seine Augen zu blicken.[34]

Marlene Bart arbeitet für ihre Skulpturen häufig mit Glas, einem Medium das überraschende Überschneidungen zur Fossilisation mitbringt. Während Fossilien durch eine schleichende Mineralisierung entstehen, wird Glas durch starkes Erhitzen von Quarzsand künstlich erzeugt. In Barts Werken begegnen sich diese Welten. Quarzsand ist das Mineral, das auf der Erde am häufigsten vorkommt und auch Bestandteil von Fossilien ist. Das queere Schneckenpaar besteht somit aus dem gleichen Material wie seine versteinerten Vorfahren. Sowohl natürliche Fossilisation als auch das Brennen von Barts Skulpturen

34 Die amerikanische Firma SynDaver revolutioniert die Lehre der Anatomie, indem sie detailgetreue Dummies von beliebten Sektionskörpern produziert. Leider konnten sich die Frösche noch nicht großflächig durchsetzen, was vermutlich daran liegt, dass sie mit 150–250 Dollar pro Stück mehr als 20-mal so teuer sind wie das lebendige Tier. Vgl. SynFrog Dissection Model. In: *SynDaver*, o. D. https://syndaver.com/product/synfrog-frog-dissection-model/ (Zugriff am 28.12.2024).

Abb. 3
Marlene Bart:
Unknown Femur, 2024,
Glas, Knochen, 3D-Druck,
16 x 16 x 49 cm.

bewegen sich damit an der Schnittstelle von Natur und Künstlichkeit. Beide erzeugen ein Produkt der Erde und demonstrieren, wie Zeit und Materialität zusammenspielen, um ein Denkmal für den Facettenreichtum des Lebens zu kreieren. Die Verflechtung zwischen tierlichen Überresten und menschlichem Leben findet sich in fast allen von Marlene Barts Werken wieder. Ihre Skulptur *Unknown Femur* (Abb. 3) besteht aus einem Oberschenkelknochen, welcher durch Glaskugeln und 3D-gedruckte Elemente verfremdet wurde. Die transparenten Glasblasen umgeben den Knochen. Unterstützt wird das zugleich filigrane und dennoch stabile Konstrukt durch organische Strukturen, die sich um den Knochen winden, wodurch eine Momentaufnahme entsteht, in der scheinbar lebendiges Gewebe den Knochen einnimmt. Die Arbeit spiegelt Aspekte aus dem Science-Fiction Film *Annihilation*[35],

35 *Annihilation* (US 2018, R: Alex Garland).

in dem Pflanzen, Tiere und Menschen zu hybriden Organismen verschmelzen. Der Film erzählt einen alternativen Schöpfungsmythos und bildet damit eine Brücke zu Barts Versuch, Naturwissenschaft als weniger linear und als nichtbinär zu begreifen. Knochen sind von Widersprüchlichkeit geprägt. Sie formen Skelette und symbolisieren so Stabilität. Knochen stehen aber auch für die Vergänglichkeit des Lebens. In der Paläontologie sind sie Zeugnisse der Vergangenheit. Erinnert man sich jedoch an Stanley Kubricks ikonischen Film *2001: A Space Odyssey*, wird ein Knochen von einer Horde Affen erst als Werkzeug genutzt und schließlich hoch in den Himmel geworfen, wo er sich in einen Satelliten verwandelt. In seiner Metamorphose wird der Knochen hier zu einem Symbol für Fortschritt und Evolution, aber auch für die Überwindung von Grenzen.[36]
Der Titel von Barts Arbeit, *Unknown Femur*, spielt auf die Entstehungsgeschichte des Werks an. Anfangs wusste die Künstlerin nicht, von welchem Tier der Knochen eigentlich stammt. Sie teilte ein Bild davon online und erhielt unzählige Rückmeldungen, auch von Biolog*innen, die Theorien über den Ursprung des Knochens aufstellten. Aufgrund seiner Größe waren einige überzeugt, es handle sich um einen menschlichen Oberschenkelknochen – eine eindringliche Erinnerung daran, dass auch Menschen Säugetiere sind. Die Skulptur schafft Raum für eine Konversation, welche speziesistische Vorannahmen des westlichen Naturbegriffs hinterfragt. Damit schließt sich Marlene Bart Donna Haraways Kritik an, die vorschlägt, Verwandtschaft von seinen rein familiären oder biologischen Bindungen loszulösen. In *Staying with the Trouble* erweitert Haraway den Begriff um Multispezies-Beziehungen.[37] Sie fordert dazu auf, neue Formen familiärer Verantwortung zu übernehmen, auch für anderen Lebensformen und ganze Ökosysteme.[38]
Der Begriff des Erdlings wurde u. a. von der US-Amerikanischen Professorin und Aktivistin Carrie Freeman geprägt. Menschliche Identität betrachtet sie aus einer post-anthropozentrischen Perspektive und argumentiert, die Menschheit müsse sich von ihrem hierarchischen System lösen, um die ökologischen Herausforderungen der Gegenwart

36 *2001: A Space Odyssey* (US 1968, R: Stanley Kubrick).

37 Donna J. Haraway: *Staying with the Trouble. Making Kin in the Chthulucene*. Durham / London: Duke UP 2016, S. 101–102.

38 Ebd.

bewältigen zu können. Als „*human animal earthlings*"[39] wäre man Teil einer irdischen, gleichberechtigten Gemeinschaft, in der alle Lebewesen nachhaltig koexistieren könnten.[40] Darin spiegelt sich Haraways Aufruf zur Entfaltung verwandtschaftlicher Fürsorge sowie Barts Ansatz einer empathischen Annäherung an europäische Naturgeschichte.
Basierend auf Barts Arbeiten habe ich eine Perspektive auf den Erdling erarbeitet, in deren Zentrum die Erde als geologisches Gedächtnis steht. Diese Definition orientiert sich an David Montgomerys Idee der „biologischen Orgie."[41] Der Boden und alle Organismen, die ihn bewohnen, formen einen Dialog zwischen Vergangenheit, Gegenwart und Zukunft. Leider wird das Gedächtnis Erde zunehmend kapitalisiert. Mit dem Slogan „Preserving the best of the past for your future" bietet der englische Online-Handel *The Fossil Store* ein breites Spektrum an ‚Luxus-Fossilien' an:[42] von Ammoniten über Dinosaurierknochen bis zu Abdrücken ausgestorbener Arthropoden. Vermarktet wird ein exklusives Sortiment: prähistorische Dekoration für das moderne Zuhause. Laut Angaben auf der Website stammen einige der Artefakte aus afrikanischen Regionen.[43] Der Verkauf dieser Bodenschätze in Europa knüpft damit direkt an koloniale Ausbeutungsmuster an und unterstreicht die Notwendigkeit, auch naturhistorische Artefakte wie Fossilien in die Restitutionsdebatten[44] zu integrieren. Eine Diskussion darüber könnte nicht nur eine gerechtere Verteilung von Ressourcen anstoßen, sondern auch ein neues Bewusstsein für die Verantwortung gegenüber der Erde schaffen. Der Prozess, museale Sammlungen zu dekolonisieren, geht über die Rückgabe von Objekten hinaus. Er ziehlt darauf ab, imperiale Machtstrukturen offen zu legen und eine Neubewertung der Institution im Kontext seiner kolonialen Geschichte zu

39 Carrie Freeman: *Human Animal Earthling Identity*. Athens: U of Georgia P 2020, S. 3.

40 Vgl. ebd.

41 Montgomery: *Dirt*, S. 1.

42 Vgl. Behind the Scenes. In: *The Fossil Store*, o. D. https://www.thefossilstore.com/pages/the-story-on-the-fossil-store (Zugriff am 23.11.2024).

43 Vgl. ebd.

44 Vgl. Rebekka Habermas: Restitutionsdebatten, koloniale Aphasie und die Frage, was Europa ausmacht. In: *Aus Politik und Zeitgeschichte*, 27.09.2019. https://www.bpb.de/shop/zeitschriften/apuz/297595/restitutionsdebatten-koloniale-aphasie-und-die-frage-was-europa-ausmacht/ (Zugriff am 29.12.2024).

erarbeiten, die alle Strukturen bis in die Gegenwart berücksichtigt.[45] Während die Folgen von Kolonialismus in den betroffenen Ländern nachwirken, reflektieren europäische Länder ihre eigene Verantwortung nur oberflächlich.[46] Eine ähnliche Tendenz lässt sich auch im Umgang mit mehr-als-menschlichem Leben beobachten, dessen Existenz durch Extraktivismus nachhaltig zerstört wird. Das geologische Gedächtnis wird ausgeschöpft. Eines Tages wird es leer sein. Glenn Albrecht, Professor für Nachhaltigkeit an der Murdoch University in Perth, betont, dass menschliche Emotionen untrennbar mit der nichtmenschlichen Umwelt korrelieren. Unter dem Begriff *Earth Emotions*[47] definiert er ein Spektrum an Gefühlen, welche in Reaktion auf Umweltereignisse ausgelöst werden. *Earth Emotions*[48] umfassen Gefühle wie Liebe oder auch Trennungsschmerz und Nostalgie für schwindende Ökosysteme.[49] Jedoch scheinen in der Gegenwart geradezu mörderische Einstellungen gegenüber anderen Lebensformen zu überwiegen. Fracking, Ölbohrungen, Abholzung und vergiftetes Wasser, das tief in Poren der Erde eindringt, zeugen von Ignoranz gegenüber deren Auswirkungen. In Albrechts Augen wird die Grenze der Gleichgültigkeit damit überschritten und die Beziehung zwischen allen Lebensformen fundamental belastet. Kontinuierlich wird das Bild einer leblosen Zukunft in den Boden gebrannt.[50]

45 Decolonising Museums.

46 Vgl. Habermas: Restitutionsdebatten.

47 Glenn Albrecht: *Earth Emotions. New Words for a New World*. Ithaca: Cornell UP 2019, S. 10.

48 Ebd.

49 Vgl. Jane Clark: Rediscovering Our Earth Emotions. In: *Beshara Magazine* 19 (2021). https://besharamagazine.org/well-being-ecology/rediscovering-our-earth-emotions/ (Zugriff am 30.12.2024).

50 Vgl. Albrecht: *Earth Emotions*, S. 10.

Claire Pentecost

Soil-Erg
2012

1
I think
B
C
D
SOIL-ERG
ONE

SOIL-ERG
Life is a verb
and the actors are not
all humans.
1
ONE

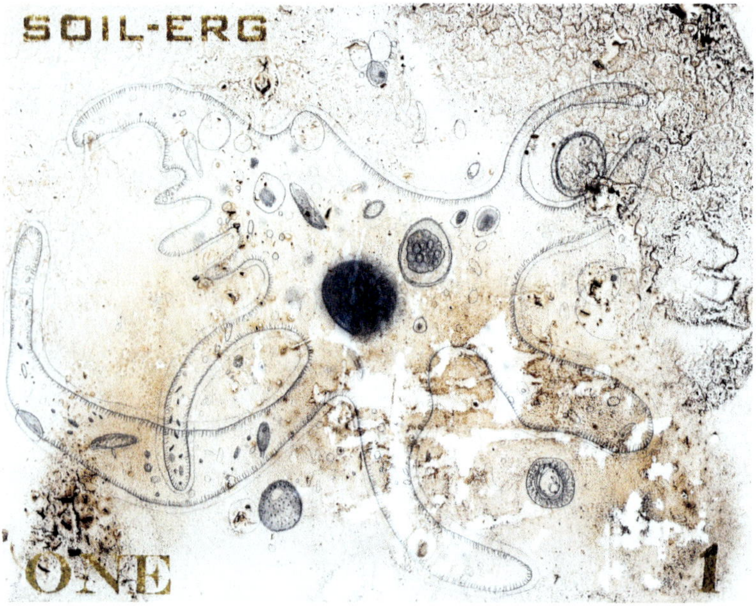
SOIL-ERG
ONE
1

1
SOIL-ERG
ONE

SOIL-ERG
ONE
SOIL-ERG

SOIL-ERG
1
ONE

SOIL-ERG
1
ONE

SOIL-ERG
1
EVERY
ONE
WHO
WALKS
THIS EARTH
FEELS A
TICKLING
AT HIS
HEELS
ONE

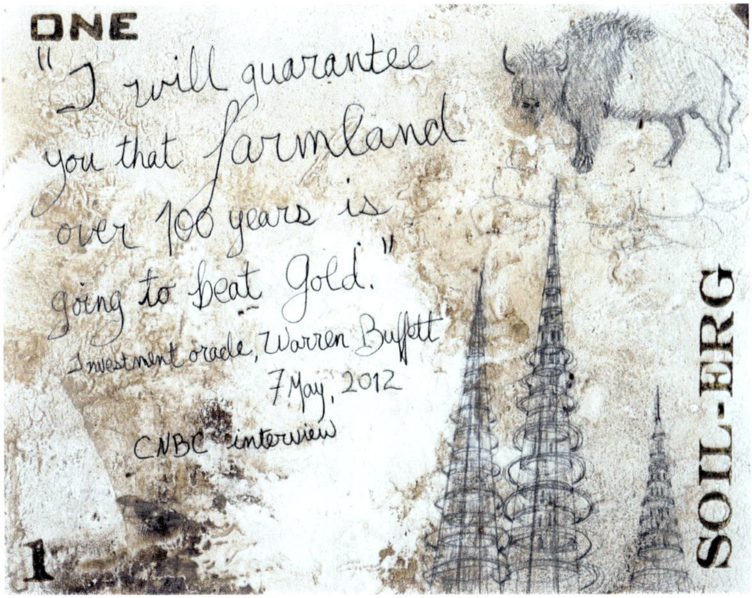
ONE
"I will guarantee you that farmland over 100 years is going to beat Gold."
Investment oracle, Warren Buffett
7 May, 2012
CNBC interview
SOIL-ERG
1

SOIL-ERG
1
ONE

1
Grass
Fig. 7.
...small agencies and their accumulated effects...
SOIL-ERG

SOIL-ERG
ONE
ONE SOIL-ERG

SOIL-ERG
ONE
1

Jenny Kendler

Herd Not Seen
2016

I bequeath myself to the dirt to grow from the grass I love,
If you want me again look for me under your boot-soles.
Walt Whitman: *Leaves of Grass*, 1855

Obwohl der Bundesstaat Illinois unter dem Beinamen „The Prairie State“ bekannt ist, sind heute aufgrund von Umwandlungen in Agrarland und fortschreitender Urbanisierung nur noch 0,01 % der Prärieflächen vorhanden. 1837 erfand John Deere einen Pflug, der die Grasnarbe der Prärie durchschneiden konnte. Innerhalb von 50 Jahren war der größte Teil der Prärie verschwunden.

Die Prärie ist nicht einfach nur ein simples Grasfeld, sondern ein vielfältiges und komplexes Ökosystem, das auf die gesamte biologische Vielfalt angewiesen ist, um wirklich zu existieren – einschließlich Feuer, Spitzenprädatoren und Weidetieren wie dem Bison.

Der amerikanische Bison, oft auch Büffel genannt, ist eine Schlüsselart, die für gesunde Prärien unerlässlich ist. Obwohl einst mehr als 50 Millionen die USA durchstreiften, überlebten nur 541 das große Gemetzel im 19. Jahrhundert – und heute gibt es nur noch eine Handvoll davon in Illinois, in geschützten Präriefragmenten wie Midewin National Tallgrass Prairie und Nachusa Grasslands.

Heute bemühen sich viele Ökolog*innen und ihre Verbündeten darum, dass die Bisons im Yellowstone – dem einzigen Ort, an dem seit prähistorischer Zeit wahrhaft wilde Bisons gelebt haben – endlich frei herumlaufen können – um Bisons zu sein. Wir hoffen, dass wir eines Tages Bisons in einem Großteil ihres früheren Verbreitungsgebiets wieder ausgewildert sehen werden.

In *Herd Not Seen* erweckt Jenny Kendler das Gespenst dieser uralten Herde mit winzigen skulpturalen Bisons wieder zum Leben, die aus Erde und Samen, den Bestandteilen der Prärie selbst, bestehen und sich durch die Witterung zersetzen und zu winzigen Prärien werden.

Als das Projekt im Museum of Contemporary Art (MCA) Chicago gezeigt wurde, waren die Besucher*innen eingeladen, die Skulpturen kostenlos mit nach Hause zu nehmen, wurden aber im Gegenzug darum gebeten, sich zu verpflichten, die Bisons in der Umwelt ‚einzupflanzen‘ und den Prozess des biologischen Abbaus zu dokumentieren und zu teilen. Mit einer Postkartenkampagne zur Unterstützung von Bundesgesetzen, welche die Wiederansiedlung von Wildtieren fördern, schärfte das Projekt außerdem das Bewusstsein für die Schlüsselrolle der Bisons bei der Wiederherstellung einer blühenden Prärie.

21 22 23 24
17 18 19 20
13 14 15 16
9 10 11 12
5 6 8
G

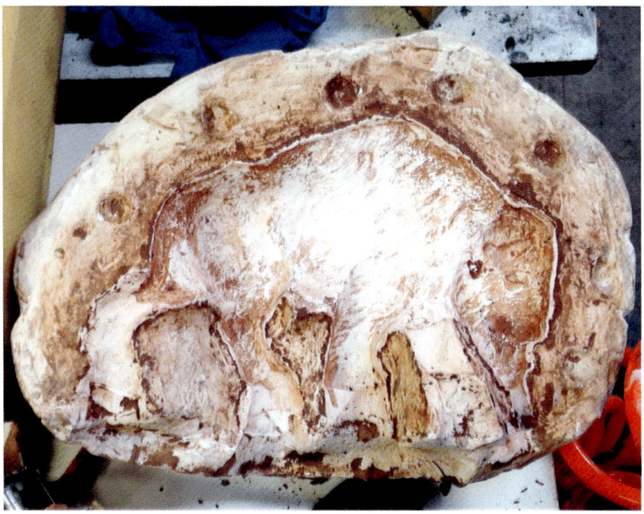

Daro Montag

Down to Earth
Bioglyphs
1993–2006

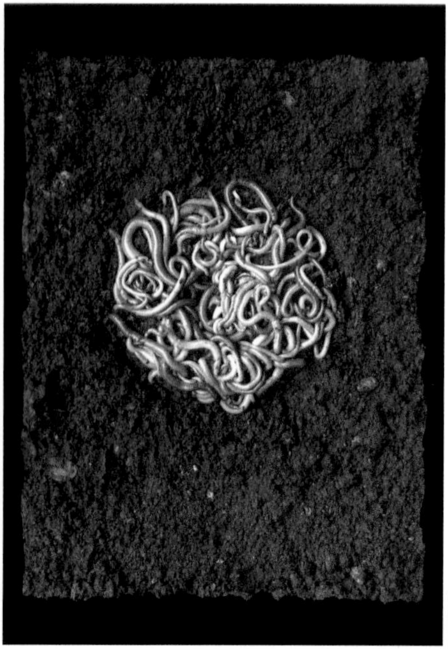

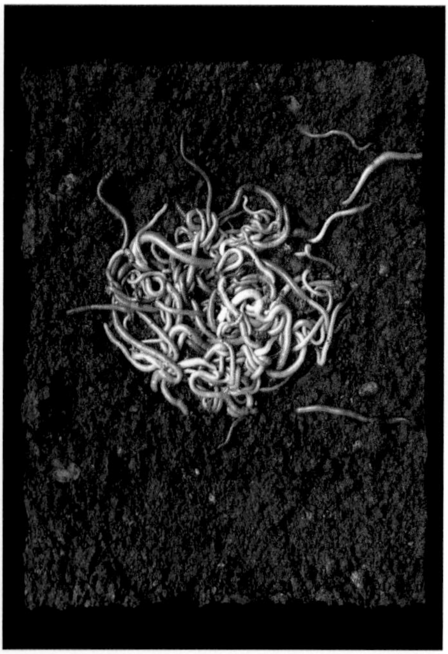

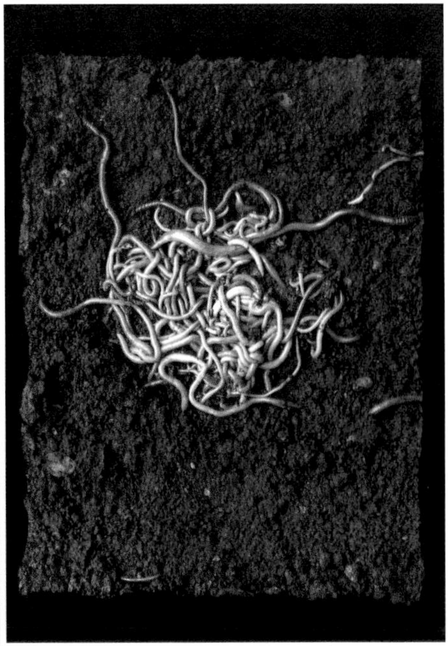
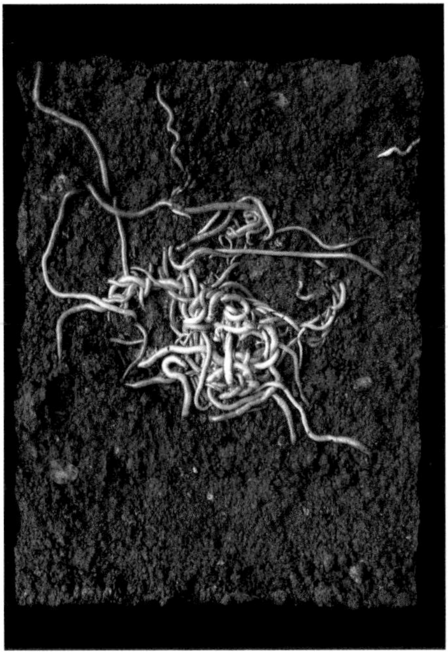
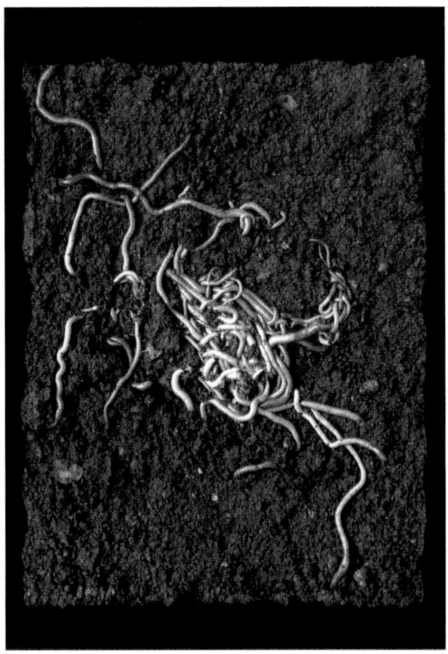

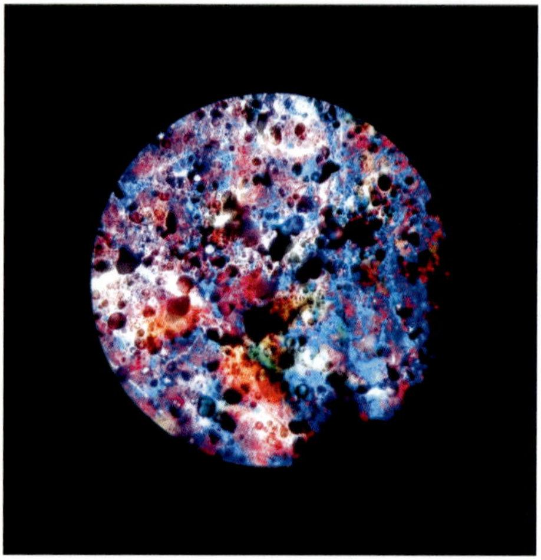
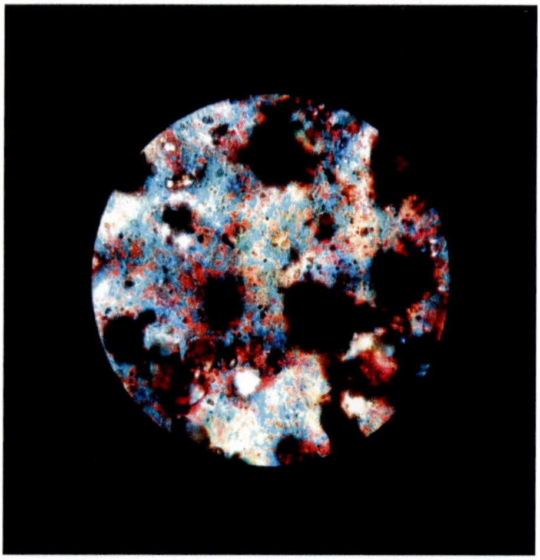
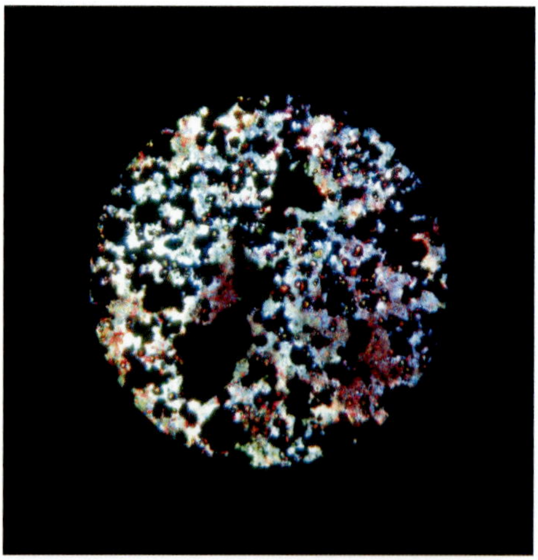

Linnéa Ryshke

Bone-Stones: Relics of Our Wreckage
2021–2022

Remains
2020

Burned Back to Air Too Soon
2021

Bone-Stones: Relics of Our Wreckage, 2021–2022

Diese fünf Objekte wurden hergestellt, indem ich Knochen von Hühnern aus dem städtischen Müll auf Bürgersteigen und Parkplätzen sammelte, die Knochen verbrannte und dann die Asche mit einem Bindemittel zu einem steinähnlichen Material vermengte. Ich habe die Steine aus dem Wunsch heraus gemacht, die Knochen dieser Tiere mit Ehrfurcht zu behandeln, anstatt sie zu missachten. In Anlehnung an die Spekulation, dass eine geologische Spur der industrialisierten menschlichen Präsenz die allgegenwärtige Präsenz von Hühnerknochen sein wird, dienen diese Steine als Artefakte der Vergangenheit und der Zukunft. Als leere Steintafeln, unmarkierte Grabsteine oder Fragmente einer verfallenen Struktur bewahren sie die Erinnerung an die Körper, die sie einst waren.

Remains, 2020

Diese Zeichnung nutzte das Ritual als Mittel, um den 47 Tagen zu huldigen, die ein Huhn in der Massentierhaltung im Jahr 2018 durchschnittlich lebte (heute sind es durchschnittlich 42 Tage). Für jeden Tag zeichnete ich das Huhn auf die Platte, hakte den Tag mit einer Markierung ab, überzog die Zeichnung mit einem Bindemittel, schleifte die Oberfläche ab und sammelte den Staub in einer Keramikurne. Das Ergebnis war eine Ablagerung von immer neuen Zeichnungen derselben Henne und eine allmähliche Akkumulation der symbolischen Asche ihres Körpers durch den Schleifprozess. 47 Tage sind ein grausam verkürztes Leben im Vergleich zu ihrer möglichen Lebensdauer von 10 bis 12 Jahren, aber als ich die Zeichnung anfertigte, fühlte es sich wie eine Ewigkeit an, wenn man bedenkt, was sie alles ertragen müssen.

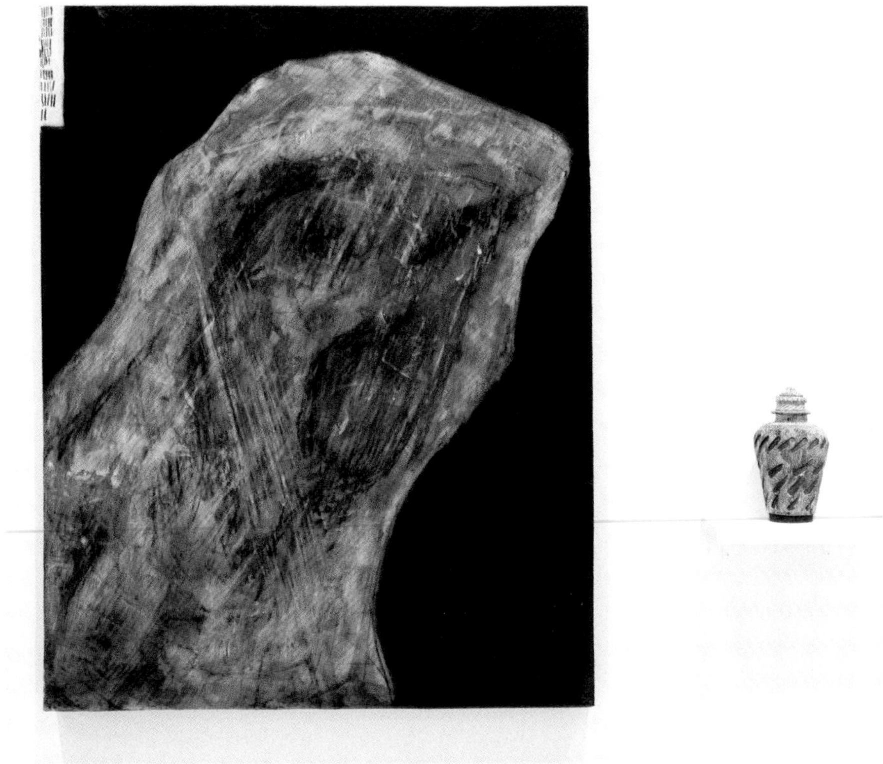

Burned Back to Air Too Soon, 2021

Abbildungsverzeichnis

Julia Katharina Thiemann: Erdklänge und Antibiotikagerüche des Bodens erlebbar machen

Abb. 1: Suzette Bousema: *Super Organism*, 2020, Fotografien, gebranntes Holz, je 100 x 77 cm. Foto: Frank Kleinbach, © Suzette Bousema.

Abb. 2: Suzette Bousema: *Super Organism*, 2021, Leinen, Baumwolle, 477 x 170 cm. Foto: Frank Kleinbach, © Suzette Bousema.

Abb. 3: Saša Spačal: *Terra Xenobiotica*, 2023, Biotechnologische Installation, Maße variabel. Foto: Tim Deussen / Art Laboratory Berlin, © Saša Spačal.

Abb. 4: Saša Spačal: *Plastic_ity,* 2018, Biotechnologische Installation, Maße variabel. Foto & © Saša Spačal.

Abb. 5: Saša Spačal / Mirjan Švagelj: *Meta_bolus*, 2017, Biotechnologische Installation, Maße variabel. Foto: Karolina Prica / Kapelica Gallery, © Saša Spačal.

Laura Pappalardo: Fehlgeleitete Straßenökologien

Abb. 1: Laura Pappalardo: 20.000 verschiedene Pflanzenarten mit Bäumen von bis zu 50 Metern Höhe und Wurzeln von bis zu 18 Metern Tiefe.

Abb. 2: Laura Pappalardo: Abholzung und Bodenabbau für den Bau der Rodovia dos Bandeirantes.

Abb. 3: Laura Pappalardo: Die Rodovia dos Bandeirantes unterbricht mehr-als-menschliche Wege.

Alle Abbildungen: © Laura Pappalardo, 2023.

Veronika Beck: Von Erdlingen und Erinnerung

Abb. 1: Marlene Bart: *Mollusca Love Affair*, 2020, Glas, 40 x 38 x 18 cm. Foto: Gideon Rothmann, Ausstellungsansicht der Einzelausstellung *Taxa & Theater of Memory*, Allgemeiner Konsumverein Braunschweig. © Marlene Bart, 2020.

Abb. 2: Marlene Bart: *Highschool Nightmare*, 2020, Glas, 31 x 21 x 9 cm. Ausstellungsansicht Einzelausstellung *Boundary Objects*, Galerie Peter Gaugy, Brüssel. © Marlene Bart, 2020.

Abb. 3: Marlene Bart: *Unknown Femur*, 2024, Glas, Knochen, 3D-Druck, 16 x 16 x 49 cm. Ausstellungsansicht Einzelausstellung *Boundary Objects*, Galerie Peter Gaugy, Brüssel. © Marlene Bart, 2024.

Claire Pentecost: *Soil-Erg*, 2012

Abb. 1: Claire Pentecost: *Earthworm*, aus: *Soil-Erg*, 2012.

Abb. 2: Claire Pentecost: *Donna Haraway*, aus: *Soil-Erg*, 2012.

Abb. 3: Claire Pentecost: *Amoeba*, aus: *Soil-Erg*, 2012.

Abb. 4: Claire Pentecost: *Snail*, aus: *Soil-Erg*, 2012.

Abb. 5: Claire Pentecost: *Coccoida Margarodidae*, aus: *Soil-Erg*, 2012.

Abb. 6: Claire Pentecost: *Bee*, aus: *Soil-Erg*, 2012.

Abb. 7: Claire Pentecost: *Mole*, aus: *Soil-Erg*, 2012.

Abb. 8: Claire Pentecost: *Kafka, Red Peter*, aus: *Soil-Erg*, 2012.
Abb. 9: Claire Pentecost: *Warren Buffet*, aus: *Soil-Erg*, 2012.
Abb. 10: Claire Pentecost: *Fungus Trapping Nematode*, aus: *Soil-Erg*, 2012.
Abb. 11: Claire Pentecost: *Darwin*, aus: *Soil-Erg*, 2012.
Abb. 12: Claire Pentecost: *Rachel Carson*, aus: *Soil-Erg*, 2012.
Abb. 13: Claire Pentecost: *Joseph Beuys, Pergamasus*, aus: *Soil-Erg*, 2012.
Alle Abbildungen: © Claire Pentecost, 2012.

Jenny Kendler: *Herd Not Seen*, 2016
Alle Abbildungen: © Jenny Kendler, 2016.

Daro Montag: *Down to Earth* & *Bioglyphs*, 1993–2006
Abb. 1–6: Daro Montag: *Down to Earth I–VI*, 1993.
Abb. 7: Daro Montag: *Beacon*, 1995.
Abb. 8: Daro Montag: *Lower Treculliacs – Grass*, 2000.
Abb. 9: Daro Montag: *Lower Treculliacs – Mud*, 2000.
Abb. 10: Daro Montag: *Lower Treculliacs – Wood*, 2000.
Abb. 11: Daro Montag: *This Earth 2*, 2006.
Abb. 12: Daro Montag: *This Earth 6*, 2006.
Abb. 13: Daro Montag: *This Earth 8*, 2006.
Abb. 14: Daro Montag: *This Earth Light Box*, 2006.
Alle Abbildungen: © Daro Montag, 1993–2006.

Linnéa Ryshke: *Bone-Stones: Relics of Our Wreckage*, 2021–2022 / *Remains*, 2020 / *Burned Back to Air Too Soon*, 2021
Abb. 1–4: Linnéa Ryshke: *Bone-Stones: Relics of Our Wreckage*, 2021–2022, 5 Teile (hier nur 4 abgedruckt), jedes ca. 76,2 x 50,8 x 7,6 cm, geborgene Knochen von anonymen Hühnern, Holz, Modelliermasse und Bindemittel.
Abb. 5: Linnéa Ryshke: *Remains*, 2020, 89,5 x 72,4 x 7 cm, Kohle, Conté, Acrylfarbe & Bindemittel auf Platte.
Abb. 6–9: Linnéa Ryshke: *Burned Back to Air Too Soon*, 2021, je 30,5 x 40,6 cm, Asche auf Papier.
Alle Abbildungen: © Linnéa Ryshke, 2020–2022.

Call for Papers: (De-)Koloniale Tiere und Tierstudien
Tierstudien, Ausgabe 29/2026
Herausgegeben von Jessica Ullrich

Die Animal Studies und die Tierethik werden oft als Forschungsfelder angesehen, die überwiegend im globalen Norden und industrialisierten Westen angesiedelt sind. Tatsächlich sind die prominentesten Vertreter*innen beider Disziplinen – trotz einiger wichtiger Ausnahmen – zum großen Teil weiß. Allerdings öffnen sich insbesondere die Critical Animal Studies schon seit einiger Zeit intersektionalen Zugängen und dabei zuletzt verstärkt post- und dekolonialen Theorieansätzen. Es mehren sich Stimmen, die einerseits den Einbezug von Indigenous Studies in die Animal Studies fordern und andererseits die Berücksichtigung von Animalität in dekoloniale Forschungsprojekte.
Erste Meilensteine stellen Sammelbände zu dekolonialisierten Animal Studies, zu kolonialen und kolonialisierten Tieren dar sowie eine Vielzahl von Einzelstudien zu den Verstrickungen von Kolonialismus und Tierausbeutung, der Dekolonialisierung von Naturschutz oder dekolonialen Artenschutzbestrebungen. Einigkeit besteht unter indigenen und nicht-indigenen Forscher*innen weitgehend darin, dass Anthropozentrismus eine „Schlüssellogik weißer Vorherrschaft" (Billy-Ray Belcourt) darstellt. Strukturelle Gemeinsamkeiten des Otherings von nichtweißen Menschen und nichtmenschlichen Tieren wird nicht nur in den intersektionalen Animal Studies, sondern auch im kritischen Posthumanismus, den Critical Race Studies und der sich gerade etablierenden postkolonialen Ökokritik herausgearbeitet. Gleichzeitig wird sensibler mit unzulässigen oder re-traumatisierenden Gleichsetzungen von Tieren und rassifizierten Menschen umgegangen.
In der kommenden Ausgabe von *Tierstudien* soll danach gefragt werden, wie die Animal Studies die Postcolonial Studies bereichern können und umgekehrt, wie die jeweils andere Disziplin zur selbstkritischen Befragung der eigenen Disziplin beitragen kann. Dabei existieren auf beiden Seiten noch viele Leerstellen und komplexitätsreduzierende Essentialisierungen.
Es soll u. a. diskutiert werden, inwiefern sich Tiere und die Animal Studies dekolonialisieren lassen, wenn Dekolonialisierung keine Metapher bleiben soll? So erstaunt es, dass es bisher kaum Forderungen gibt, die – analog zu denen nach Rückgabe gestohlenen Lands, geraubter

Kunstwerke und verschleppter menschlicher Überreste – für eine Rückführung verschleppter Tierarten aus europäischen Zoos und tierlicher Präparate aus Museen plädieren oder auch nur für Kompensationszahlungen für die Ausrottung von Wildtieren durch Trophäenjagd. Eventuell könnten jedoch Projekte wie Rewilding oder De-Domestikation als Formen der Dekolonialisierung gelesen werden.

Oft werden indigene Kulturen als monolithische, unveränderbare Gebilde dargestellt, die alle den gleichen Umgang mit Tieren pflegten. Das geschieht meist, um diese angeblich allgemeingültigen indigenen Vorstellungen für die eigene Agenda zu appropriieren. Um der Diversität von indigenen Denkmodellen Rechnung zu tragen, sollten jedoch kleinteilige Studien historisch, geologisch und epistemologisch spezifisch herausarbeiten, wie genau welche Kultur welche Umgangsformen mit welchen Tieren pflegt. Das könnte beispielsweise in Form einer kritischen Befragung der Romantisierungen von indigener Jagd geschehen oder in Form einer Relativierung der Homogenisierung von Vorstellungen über Verwandtschaftsbeziehungen zu Tieren in unterschiedlichen indigenen Kulturen.

Auch wird in populären Diskussionen der Veganismus oft als ausschließlich weiße Modeerscheinung gerahmt. Dabei wird durch Bewegungen wie Black Veganism und Afro-Veganism sowie durch indigene Veganaktivist*innen die Diversität veganer Weltbilder zunehmend augenscheinlicher. So zeigt neuere Forschung, dass Veganismus durchaus mit indigenen Traditionen vereinbar ist und dass pflanzenbasierte Kost in vielen nicht-europäischen Kulturen eine lange Tradition hat, die teilweise erst durch koloniale Gewalt und Unterdrückung verloren gegangen ist.

Beiträge von nicht-westlichen Forscher*innen stellen leider bisher immer noch eine Minderheit in den curricularen Animal Studies statt, ein weiteres Indiz für die Notwendigkeit einer Dekolonialisierung des Fachs.

Wir suchen u. a. nach historischen, sozial- und kulturwissenschaftlichen, anthropologischen und ethnologischen Analysen des Umgangs mit Tieren im Zuge des Kolonialismus bzw. in den Kolonien und der Veränderung der lokalen Fauna durch Kolonialisierung, beispielsweise durch europäische Tiere, die eingeführt wurden (etwa importierte Rinder inklusive Rinderpestviren).

Mit welchen Praktiken und Theorien wurden einheimische Tiere in den Amerikas, Australien, Neuseeland oder Asien von Kolonisator*innen

wahrgenommen, identifiziert, konzeptualisiert, behandelt, dominiert, genutzt, vereinnahmt, verschleppt oder in europäische Kategorisierungs- und Denksysteme integriert? Dabei könnte die ‚Entdeckung' von Tieren wie Kängurus oder Schnabeltiere durch europäische Erober*innen und deren Eingliederung in bestehende europäische Taxonomien genauso im Fokus von Beiträgen stehen wie Zoos und Aquarien als Ausdruck imperialer Herrschaft. Es könnte untersucht werden, wie die Effekte der Kolonialisierung und damit auch die Art und Weise, wie Natur strukturiert und klassifiziert wurde, in Bezug auf Tiere fortwirken und wie sie sich gegebenenfalls aufbrechen lassen.
Mit Blick auf die Agency der Tiere könnte beleuchtet werden, wie Tiere auf die kolonialen Strukturen und Prozesse, von denen sie betroffen sind, reagieren, wie sie sich etwa ihrer Kolonisierung entziehen oder Widerstand leisten. Weitere mögliche Themen könnten die Modi und Effekte der Animalisierung indigener Menschen sein; Zivilisierungs- und Zähmungsdiskurse, die Menschen und Tiere gleichermaßen betreffen; Tierschutzmaßnahmen auf Kosten der indigenen Bevölkerung oder natürlich auch die vitale Rolle von Tieren und Tier-Mensch-Beziehungen in indigenen Epistemologien.

Es werden herrschaftskritische Beiträge über koloniale, kolonialisierte und dekoloniale Tiere aus allen Forschungsfeldern gesucht sowie Texte, die dekoloniale Tierstudien betreiben oder vorantreiben. Abstracts von nicht mehr als 2.000 Zeichen senden Sie bitte bis zum 15. Juli 2025 an jessica.ullrich@neofelis-verlag.de. Die fertigen Texte dürfen eine Länge von bis zu 25.000 Zeichen haben (inklusive Leerzeichen und Fußnoten) und müssen bis zum 1. November 2025 eingereicht werden. Danach gehen sie zur Peer Review an den wissenschaftlichen Beirat von *Tierstudien*. Auf Grundlage der Gutachten des wissenschaftlichen Beirats wird über die Annahme der Texte zur Veröffentlichung entschieden. Erscheinungsdatum für die angenommenen Texte ist April 2026.

Tierstudien

hrsg. von Jessica Ullrich

Bisher erschienen

01 *Animalität und Ästhetik*
02 *Tiere auf Reisen*
03 *Tierliebe* (hrsg. zus. mit Friedrich Weltzien)
04 *Metamorphosen* (hrsg. zus. mit Antonia Ulrich)
05 *Tiere und Tod* (hrsg. zus. mit Antonia Ulrich)
06 *Tiere und Raum*
07 *Zoo*
08 *Wild*
09 *Tiere und Unterhaltung* (hrsg. zus. mit Aline Steinbrecher)
10 *Experiment*
11 *Mimesis – Mimikry – Mimese* (hrsg. zus. mit Antonia Ulrich)
12 *Tiere und Krieg* (hrsg. zus. mit Mieke Roscher)
13 *Ökologie*
14 *Kranke Tiere* (hrsg. zus. mit Kerstin Weich)
15 *Tiere erzählen* (hrsg. zus. mit Alexandra Böhm)
16 *Tiergeschichten* (hrsg. zus. mit Alexandra Böhm)
17 *Tiere und Emotionen* (hrsg. zus. mit Marianne Sommer)
18 *Tiere und/als Medien* (hrsg. zus. mit Stefan Rieger)
19 *Tiere und Migration* (hrsg. zus. mit Frederike Middelhoff)
20 *Extinction. Das große Sterben*
21 *Tierliche Zukünfte*
22 *Kohabitation, Koexistenz, Konvivialität*
23 *Ozean*
24 *Tiere und Geschlecht* (hrsg. zus. mit Mieke Roscher)
25 *Person und Persönlichkeit*
26 *Arbeit*
27 *Erdlinge*

In Planung

28 *Jagd*
29 *(De-)Koloniale Tiere und Tierstudien*

Außerdem im Neofelis Verlag erschienen